防衛研究所防衛政策研究室長
高橋杉雄

現代戦略論

大国間競争時代の安全保障

並木書房

はじめに

２０２２年は歴史に残る年となった。２月24日にロシアがウクライナに侵攻し、ロシア・ウクライナ戦争が始まったのである。これは、戦域の広さ、参加兵力の大きさ、国際社会の関わりなど、多くの点で、21世紀や冷戦終結後どころか、第二次世界大戦後最大級の戦争となっている。

特に現代の問題を扱う安全保障の専門家にとって、同時代史は必須の知識であり、「２０XX年には何があったか？」と問われれば何かしら答えられるものである。しかし、専門家でなくても広く記憶されている出来事もある。ベルリンの壁の崩壊（１９８９年）や湾岸戦争（１９９１年）、９・11テロ事件（２００１年）などがそれに当たり、ロシア・ウクライナ戦争も、それらと同じようなかたちで広く記憶されていくだろう。

特に、高度に情報化が進んだ時代に起こったこの戦争は、スマートフォンなどを通じて、個人個人が世界の最新情報を動画で見ることができ、距離が離れていても、多くの人が同時代性を強く感じる戦争となっている。それは日本も例外ではない。地球の反対側ではあるが、これだけの大戦争が展開していることで、長い間、軍事問題から距離をとってきた日本社会においても、安全保障や軍事に関わる問題への関心が著しく高まっている。

そもそも日本が位置する東アジアは、世界で最も危険な地域でもある。北朝鮮の核・ミサイル開発・配備、中国の急激かつ大規模な軍拡が行なわれており、朝鮮半島、台湾海峡、東シナ海、南シナ海といった、政治的な対立要因を抱えたフラッシュポイントが存在している。

日本周辺を見ても、1998年の北朝鮮によるテポドンミサイルの日本上空を飛び越えての打ち上げ、2006年の北朝鮮の最初の核実験（2022年11月現在、合計で6回実施）、2008年の尖閣諸島での中国漁船の海上保安庁巡視船衝突に端を発する第一次尖閣危機、2012年の日本政府による尖閣諸島の国有化にともなう第二次尖閣危機と中国の政府公船による継続的な接続水域や領海への侵入、2017年の朝鮮半島核危機、2021年から行なわれるようになった中露の海空部隊による日本列島周辺での合同示威行動、2022年に中国が台湾を取り巻くようなかたちで行なった軍事演習など、安全保障上のリスクが高まっていることを指し示す出来事が数多く起こっている。

このように安全保障環境が悪化し続けていることから、日本も安全保障政策を大きく変えることとした。長い間5兆円前後にとどまってきた防衛費を大幅に増額していくことを決定し、併せて「戦略3文書」と呼ばれる、国家安全保障戦略、防衛計画の大綱、中期防衛力整備計画を見直すこととした（本書執筆時では未発表）。

安全保障環境の悪化を踏まえれば、防衛に当てるリソースとしての防衛費を増額していくのは避けがたい現実であろう。しかし、お金はあくまでお金でしかなく、「どう使うか」をよく考えなければ、国民の「安全・安心」を効果的に向上させていくことはできない。そのために必要なのが「戦略」であり、現段階では2022年版の「戦略3文書」というかたちでそれが示されることになる。

本書は、こうした緊迫した時代において、日本が「戦略」を組み立てていくうえで考えておくべきことを示すために執筆したものである。

まず第1章「戦略はなぜ必要か？」で、いくつかの重要な先行研究や経営戦略論にも言及しながら、戦略はどうして必要になるのか、そしてそれはどのような構造を持つのかについて概説する。特に、戦略そのものではなく、戦略立案プロセスそれ自体が重要であることを強調した。ただし、百科事典的に先行研究を網羅するのではなく、筆者の論旨に沿ったかたちで論考を取捨選択してあることは付記しておく。

実際、戦略は安全保障だけでなく、人間の生活のあらゆる局面で必要とされうる。しかしながら、戦略を立てたからといって成功が保証されるわけではない。実際には失敗することも数多い。そこで第2章「戦略はなぜ失敗するか?」では、「戦略が成功するための課題」を五つ(戦略の複層性の理解、明確な戦略目的の設定、優先順位の設定、競争相手との相互作用の理解、環境変化への適応)挙げ、それぞれについて分析を行なった。特に、明確な戦略目的の設定との関連では、「反証可能性」を重視する一部の科学哲学の議論を参照しつつ、「失敗が定義できる明確さ」が必要であることを強調した。

第1章と第2章での戦略そのものについての考察を踏まえ、以降の章では、日本の戦略についての議論を進めていく。第3章「『大国間競争』時代の戦略上の課題」では、大戦略レベルでの考察を行なうために、特に中国の台頭がもたらした戦略的課題を中心に現在の国際関係を分析する。そのうえで、現在の世界では社会システムをめぐる競争と地政戦略のレベルでの競争が展開しており、日本は当事者としてその二つの競争に関わっていかなければならないことを指摘した。

第4章では、第3章で考察した日本の「立ち位置」を踏まえ、日本の大戦略と防衛戦略の大まかな方向性を議論した。ここで重要になるのは、日本の大戦略上の目的が現状維持であることである。なお、こうした方向性を導き出す際には、「ネットアセスメント」という、戦略の対象となる相手との関係での比較優位・比較劣位を重視する分析手法を用いた。

第5章からは、防衛戦略についての考察を深めていく。防衛戦略を考えるうえで、「将来の戦闘がどのようなかたちになるか？」というのは非常に重要な問いである。しかし同時に、答えを出すのが難しい問題でもある。そこで第5章「将来の戦争をイメージする」では、技術的動向や国際政治のトレンドが複雑に絡み合い、予測が難しい将来戦のあり方について、シナリオプランニングの手法を用いて分析した。そこで、将来戦の動向に大きく影響するドライビングフォースとして、将来戦が〔ハイエンド戦闘（正規戦）が中心となるか・ハイブリッド戦／グレーゾーンの事態が中心となるか〕という軸と、〔『戦場の霧』が取り払われるか・『戦場の霧』が維持されるか〕という軸を設定し、将来戦の四つのシナリオを描きだした。

第6章「これからの日本の防衛戦略」では、これまでの議論、特にネットアセスメント的手法を用いた分析とシナリオプランニングで描きだした将来像を組み合わせ、現状維持を大戦略上の目的として設定したうえでの日本の防衛戦略を検討した。その際には第2章で考察した、「戦略が成功するための課題」にも照らしたうえで、日本の防衛戦略の原則的な方向性を導き出した。

最後に、第7章では、これまで積み上げてきた分析の結論として、「統合海洋縦深防衛戦略」を導き出した。現在、戦域レベルでの軍事バランスを日米同盟と中国とで比較すると、中国側が優位に立っている。しかしながら、日米と中国の比較優位・比較劣位を踏まえたうえで、日本は大戦略上の目的が現状維持であることと、海洋による離隔という地理的条件を十分に活かすことができるならば、十分に戦略上の目的の達成を追求できる。そのための防衛戦略として示すものが、「統合海洋縦深防衛戦略」である。

米国には「リボルビングドア」（回転ドア）というシステムがある。政府とシンクタンクやコンサルタントを、回転ドアを行き来するように数年おきに行ったり来たりする米国独特のキャリアパス（人事方式）である。それによって、シンクタンクで研究や政策論議に集中し、情報のインプットや政策アイデアを構築したうえで、政府内で行政実務に携わることが繰り返される。筆者は防衛研究所に25年間勤務しているが、そのうち二回、合計で10年近く防衛省内局の防衛政策課員を兼務して行政サイドで仕事をしていた。つまり日本版の「リボルビングドア」である。その間に防衛大綱の策定などに関わることができた。特に、その頃は経営戦略についての書籍も渉猟し、参考にした。本書で戦略そのものを議論している第1章と第2章は、そのときの経験を踏まえてのものである。

本書は、２０２０年に『新たなミサイル軍拡競争と日本の防衛』を共編著として出版したあとに、並木書房編集部よりご提案を頂いて執筆を始めたものである。２０２２年2月のロシア・ウクライナ戦争の開戦後にほとんど執筆時間がとれなくなったこともあり、同編集部にはご迷惑をおかけしたが、辛抱強くお待ち頂いたことには深く感謝を申し上げる。

なお、最近の戦略論争に詳しい読者であれば、本書で論じた「統合海洋縦深防衛戦略」が、米国のエルブリッジ・コルビーが著した『Strategy of Denial』で論じた軍事戦略に近いことに気づくであろう。[1] コルビー氏とは15年来の友人であり、その間に二人で議論をしてきたことを、お互い別々にかたちにしたということでもある。違いは、彼が「米国の取りうる戦略」を一つ一つ評価していくかたちで結論を導き出していったのに対し、筆者はネットアセスメント的分析を用いて結論に至ったことである。異なる経路をたどって似た結論に達するということは、われわれの考えが戦略的にみて有効であることを含意していると考えたい。

また、ネットアセスメントの創始者であり、伝説的な戦略家でもある亡きアンドリュー・マーシャル氏とも生前に幾度も意見交換の機会を持つことができたことが、ネットアセスメント的分析についての理解を深めるうえで不可欠であった。なお、本書で強調している「セオリー・オブ・ビクトリー」に関連する部分は、核戦略の専門家であるブラッド・ロバーツ氏との議論なしにはかたちにすることはできなかった。

感謝を伝えるべき人は数多くいるが、特に防衛政策課兼務時代にシナリオプランニング手法を教えてくださった真部朗氏、巡り合わせで三度部下としてお仕えすることになり、不慣れな行政実務に就いた筆者を導いてくださった鈴木敦夫氏、「統合海洋縦深防衛戦略」を考えていくなかで議論にお付き合い頂いた大和太郎氏には特にお礼を申し上げたい。ほかにも多くの方々にお世話になったし、ご迷惑をかけてきたが、みなさまのお名前をあげることができないことにお詫びを申し上げたい。

本書は、「戦略3文書」の策定過程と時期を同じくしての執筆となった。今回の策定過程には筆者は全く関わっておらず、類似の点があってもそれは偶然である。相違点があるとすれば、また筆者としても思索を進めていきたい。今回の「戦略3文書」は、防衛費を大幅に増額するなかでの史上初めての戦略見直しであり、策定チームには心からの敬意を申し述べたい。なお本書で述べたことはすべて、防衛省ならびに防衛研究所の所見ではなく、あくまでも個人的な見解である。

（1）Elbridge A. Colby, *The Strategy of Denial: American Defense in an Age of Great Power Conflict*, (Yale University Press, 2021).

目　次

第1章　戦略はなぜ必要か？

戦略とは、元来「戦争」あるいは「戦場」で「勝利する」ための構想としての軍事戦略を指す言葉であった。しかし、現代社会においては、軍事に限らない広い文脈で「戦略」という言葉が使われている。たとえば、「対中戦略」といえば、軍事的な意味もあるが、経済や科学技術政策も含まれる。個人の生活でも、「受験戦略」とか「婚活戦略」といった言葉が使われることがあるし、企業レベルでも「経営戦略」や「DX（デジタルトランスフォーメーション）戦略」という言葉は日常的に用いられている。

このように、現代では社会生活のさまざまな場面で「戦略」が語られるようになっている。人類がどのようなかたちで「戦略」を語り、用いてきたかを包括的に論じたイギリスのローレンス・フリードマンは、聖書や古代ギリシャ、あるいは春秋戦国時代といった昔から「戦略」は議論されてきたこと、また、軍事分野に限らず、マルキシズムや反人種差別のような社会運動や経営分野においても、「戦略」が論じられてきたことを具体的な実例をもって明らかにしている(1)。なお、フリードマンの指摘の中で興味深いものとして、チンパンジーの行動にもすでに戦略性が観察できることから、一定の知能があれば、戦略と呼びうる行動をとるということがある。

戦略とは何か?

戦略は目的・方法・手段の組み合わせ

フリードマンが解き明かしたように、戦略とは幅広い場面で用いられるため、さまざまな意味を持ちうる。「長期的な視野に立つ」ことを戦略ということもあるし、「目標を設定する」ことが戦略といわれることもある。「権力」や「通貨」がそうであるように、社会科学においては、重要な概念を定義することそれ自体が実際には難しいというのは珍しいことではないが、「戦略」もその一つである。そのうえで大まかに合意できるかたちで定義するとすれば、「戦略とは、『目的

(ends)』『方法(ways)』『手段(means)』の組み合わせを示すものである」ということになろう[2]。

「目的」とは最終的に実現させたい状態を指す。「手段」は目的を達成するための具体的な行動そのものや、行動に必要なツールを意味する。「方法」はそれらの具体的な行動やツールをどのように組み合わせて実行していくかを表す。つまり、何を実現したいのかという「目的」、どのようにそれを実現させるかという「方法」「手段」とを論理的・体系的に示すのが戦略の役割である。

これをまとめると、戦略を策定するとは、終着点である「目的」と、そこに至る道筋として「方法」と「手段」の双方を含んだ全体としてのロードマップを作り上げていくこととなる。ただし、ロードマップを作っただけでは目的を達成したことにはならない。実際にそれを実行するうえでもさまざまな困難が出現する。そこで必要になる概念として「戦術」がある。戦略によって目的達成までのロードマップが作り上げられるとすれば、戦術とは、戦略によって指し示されたロードマップを実際に進んでいくうえで出現するであろう困難を克服していくための具体的な方法を考えることである。

なお、核戦略においては、相手国本土を攻撃する核戦力を戦略核戦力と呼び、戦場において相手国の軍事力に対して使用する核戦力を戦術核戦力と呼ぶが、これは単にターゲットの違いから安全保障戦略上の「手段」である核戦力を区別したものであり、前述したような「ロードマップを作り上げるのが戦略、実際に道を進んでいくのが戦術」というような意味で両者を区別したものではない。

戦略の複層構造

戦略を立てるとは、目的・方法・手段の組み合わせを示すことである。この三者の中で最初に設定しなければならないのは目的である。言うまでもないことであるが、方法や手段のために目的があるのではない。目的を実現するために方法や手段が選択される。たとえば、「あの人は目的のためには手段を選ばない」と言うことはあっても、逆に「あの人は手段のためには目的を選ばない」と言うことはない。仮に言うことがあれば、手段に合わせて目的を選択するような本末転倒的な行動を揶揄《やゆ》する文脈においてであろう。

難しい状況を解決しようとするとき、最も重要なのは「正しい問い」を立てることだと言われる。「問い」さえ立てられれば、次に考えるべきことはその「問い」に対する「答え」を導き出すことだけである。ただし、「正しい問い」を立てること自体が最も難しい作業であることが多い。そのためには、自らの置かれた状況を正確に分析・診断し、そのうえでどの方向に努力を向ければ解決に近づけるかを考えていく必要があるが、そのこと自体が実際には難しいからである。それと同様に、戦略において「正しい目的」を設定することは容易ではない。そこで、ここでは目的を立てるにあたって考えなければならない三つの点を指摘しておく。

第一は、目的は抽象的なものではなく、一定の具体性を有していなければならないことである。たとえば、国家の場合、究極的な目的はその国家の「生存と繁栄」となろう。しかしながら、これは戦略における目的としてはあまりに抽象的すぎて、そこから具体的な方法や手段を導き出すことはできない。「生存と繁栄」を実現する道筋は理論的には無数に想定できるが、適切な道筋はその国家が置かれた国際環境によって異なる。具体的には、国家間がパワーをめぐって競争するリアリズム的な国際環境における「生存と繁栄」のための道筋と、国家が競争よりも協調を基調として行動するリベラリズム的な国際環境におけるそれは大きく異なることは明らかであろう。戦略における目的とは、こうした周辺の環境も考慮したうえで具体的に示さなければならない。

あるいは、企業に当てはめて考えれば、究極的な目的は利潤を上げることであろうが、その具体的な方法論は業界によって異なる。(3) たとえば、参入障壁が高く政府による規制も大きい製薬業界と、技術的進歩が早く参入障壁がほとんどない半導体業界とでは同じ方法論は通用しない。[4]

第二に、目的は実現可能なものでなければ意味がない。いかなる主体にとっても、動員可能な資源は有限であり、使用可能な「手段」について制約がある。そのため、目的は単なる願望であってはならず、動員可能な資源で実現可能な範囲で設定しなければならない。たとえばGDPで世界150位の国が、「グローバルな覇権国になる」という目的を立てたとしても実現させるのは不可能である。つまり、戦略を形成する際には、「べき論」としての「目的」を設定するのではなく、使用可能な「手段」を考慮しながら「目的」を設定していかなければならない。

この点について、歴史家のジョン・ルイス・ギャディスが、戦略においては「願望（aspiration）」と「能力（capability）」のバランスをとる必要があると論じていることは示唆に富んでいる。[5]「願望」がなければ目的を導き出すことはできない。しかし、それが「能力」の及ぶものでなければ、願望を「より手の届くもの」に下方修正しなければならなくなるのである。

第三に、目的・方法・手段の区別が実際にはそれほど明確ではないことも指摘できる。たとえば、戦略Aとして、目的A、方法A、手段Aの組み合わせを設定したとしよう。そこで、問題Aを解決すれば、目的Aが達成できるとして、そのために方法Aと手段Aとが特定されたとしよう。しかし、複雑な現代社会においては、最終的な目的Aを達成するためには、目的Aの達成に

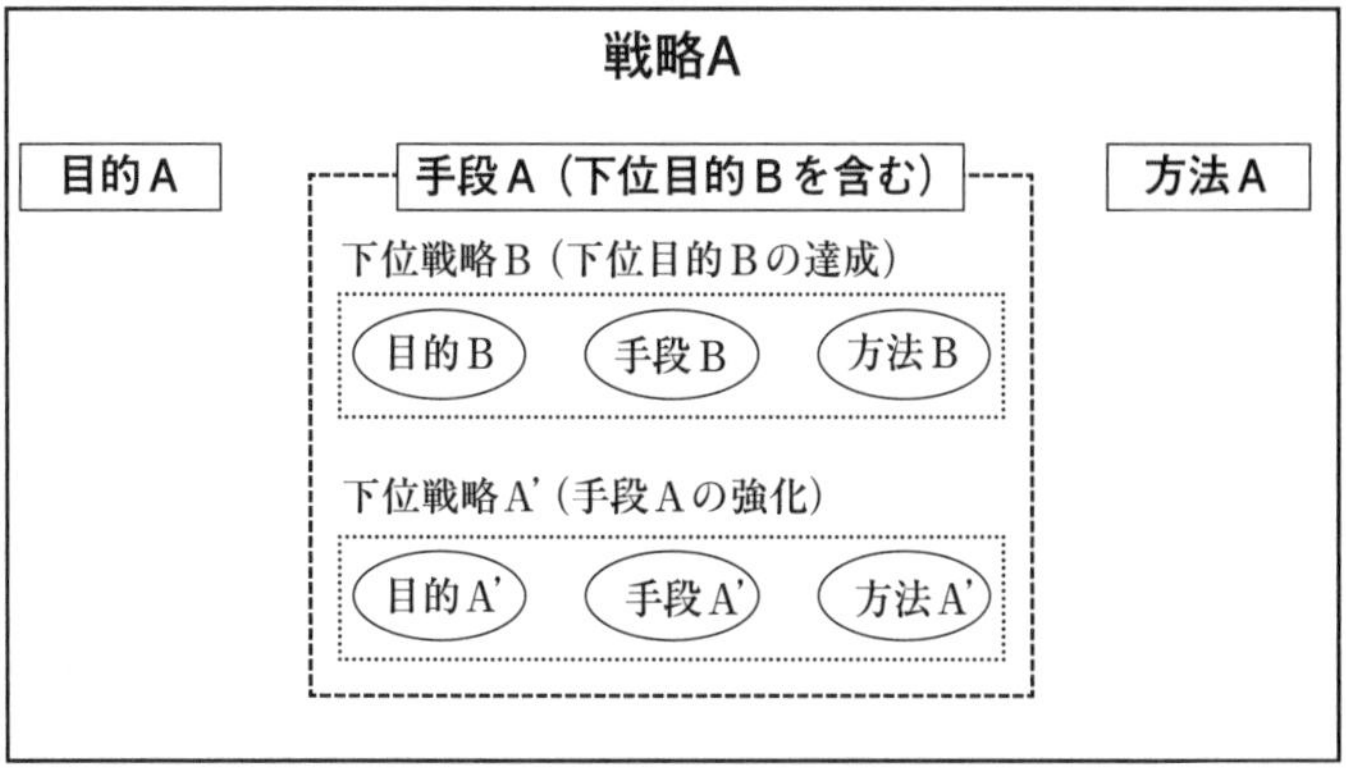

図1-1 戦略の複層構造

直結する問題Aだけでなく、それに付随するいくつかの問題を解決しなければならないことはしばしばある。

つまり、問題Aを解決するために、その下位にある問題Bを解決しなければならないような状況である。そうなると、問題Bを解決するための戦略を設定しなければならないことになろう。そこで、戦略Bとして、問題Bを解決するための目的Bに加え、方法B、手段Bが設定されることとなる。

この目的Bは、戦略Bにおいては目的だが、戦略Aにおいては目的Aを達成するための道筋の一部であるから、方法Aないし手段Aの一部として位置づけられる。あるいは、目的Aを達成するためには、すでに手にしている手段Aに加え、新たに手段A'を獲得しなければならないといったことも考えられる。この場合は、戦略Aの「方法」として、まず手段A'を手に入れることを「目的」とし、そのた

めの「方法」と「手段」を示す下位戦略Aが必要となる。（図1－1参照）

逆に、考えていた戦略Aが、実はさらに上位レベルの戦略αの下位戦略だったということも起こりうる。もしそれに気づかず、戦略Aが最上位レベルの戦略だと認識して目的・方法・手段の組み合わせを考えていた場合、「手段のためには目的を選ばない」ことと同じ状況になってしまう。

このように、目的と方法・手段は鎖のように連なり、戦略は実際にはいくつかの下位戦略をともなう複層構造をなす。そのため、上位の戦略を考える場合には、実行に必要な下位の戦略を併せて組み立てておく必要がある。安全保障においては、最上位に大戦略が位置し、その下に軍事戦略などが位置すると考えられている。たとえば、アメリカの戦略専門家であるエドワード・ルトワックは、技術レベル、戦術レベル、作戦レベル、戦域戦略、大戦略の五つのレベルで戦略を論じている(6)。

戦略とは「優先順位の芸術」である

一般に「戦略的」というとき、「長期的な視野に立つ」とか「場当たり的に行動するのではなく目的を設定する」といった意味で用いられることがある。場合によっては、それらしく聞こえるスローガンを提示するだけのこともある。しかし、ここまで論じてきたとおり、それだけでは戦略としては不十分である。戦略に必要とされるのは、長期的な視野に立つことでも、単に目的を示すことでもなく、目的を実現するための手段までも示すことである。

アメリカのビジネス戦略の専門家のリチャード・ルメルトはこの点をさらに進め、戦略とは目的設定（ゴールセッティング）ではなく、問題解決（プロブレムソルビング）を目指すものであり、具体的な行動を内包するものでなければならない[7]と指摘したうえで、「良い戦略」の具体的な条件として、「状況の診断（diagnosis）」「行動指針（guiding policy）」「指針に沿った行動（coherent action）」を挙げている。

この「指針に沿った行動」の中で最も重要なことが、資源（リソース）配分の決定である。そして、動員可能なリソースが有限であることが、すべての分野、すべてのレベルの戦略において共通する制約である。戦略とは目的・方法・手段の組み合わせを示すことではあるが、現実世界には、目的達成に寄与しない手段も無数にある。リソースが有限である以上、そうした手段にリソースを費やしていては目的の達成はおぼつかない。そのため、戦略は単に目的と手段を示すだけでは不十分であり、ルメルトの指摘するとおり、「指針に沿った行動」として、目的達成への寄与の度合いが高い手段にリソースを重点的に配分することが不可欠となる。

たとえば、海洋国家の軍事戦略を考えるならば、一般的には海軍力を重視して資金というリソースを配分していく必要があろう。しかし、海軍力を重視するという戦略を立てたとしても、実際には陸軍力の整備に資金のほとんどを割いたりすれば、効果的な防衛態勢を構築することはできない。あるいはまったく別の例として、受験勉強における戦略を考えてみよう。この場合、リソースとして重要なのは時間であり、それをどのように配分するかが重要な問題となる。このとき「気分転換」と称して勉強以外の時間を長くとったりすれば、合格できる可能性は著しく小さくなろう。

もし無限にリソースを投入可能であったら、どのような手段にリソースを重点配分すべきか考える必要はない。あらゆる手段に対して際限なくリソースをつぎ込むことができるからである。しかし現実世界ではそのようなことは起こりえない。現実ではリソースは有限であり、同時に、目的に寄与しないものも含めてその使用の仕方（＝手段）は無限に存在する。そのため、目的に寄与する度合いの高い手段に重点的にリソースを配分していかなければ、実際に目的を達成することは難しい。それなしで目的が達成されたとしても単に幸運だっただけである。戦略は目的と手段を示すだけでは不十分で、目的達成に有効な手段に対してリソースが配分されていくことを担保しなければならないのである。

つまり戦略においては、目的・方法・手段の組み合わせに加え、目的達成に効果的なかたちでリソースを使用するための優先順位も示されなければならないことになる。よって、単なるスローガンを作ることはもちろんのこと、「長期的な視野に立つ」ことや、「目的を設定する」ことだけでは戦略を形成することにはならない。目的を実現するためのロードマップを示し、リソース配分の優先順位を導き出すことこそが戦略の要諦である。その意味で戦略とは「優先順位の芸術」にほかならない。

戦略論の中の安全保障戦略

経営戦略と安全保障戦略

現代の社会生活において、「戦略」は至るところで必要とされる。しかし、「常に」「あらゆるところに」存在するわけではない。そもそも戦略が必要とされるのは、解決すべき深刻な問題が存在していたり、場合によっては「危機」に直面しているときにおいてである。そうしたときに、人は周囲の状況にリアクティブに反応しようとしがちである。しかしそれでは場当たり的な行動を繰り返すことになり、仮に満足すべき結果に至ったとしても、それは単なる幸運な偶然の産物にすぎない。周辺環境に流されるのではなく、積極的に行動して問題を解決したり危機を克服して「違い」のある結果をもたらそうとするとき、人は戦略を求める。

言い換えれば、戦略は人間が社会生活を営む限り、どこにでも「存在する」わけではないが、どこにでも「存在しうる」ものでもあるとも言える。一方で、戦略をめぐる議論が特に発達してきた分野がある。それが経営と安全保障の分野である。この二分野では、人間が「解決すべき問題」に直面することが多いことから、戦略をめぐる議論が積み上げられてきた。

目的・手段・方法の組み合わせとして共通する経営戦略論と安全保障戦略論だが、実際には両者が統合的に議論されることは少なく、別個に語られることが多い。両者の架け橋を試みたものが、前述したルメルトである。[8] ルメルトは経営コンサルタントであるが、彼の著書の『良い戦略、悪い戦略』には、彼の分析に興味を持った国防省ネットアセスメント部のアンドリュー・マーシャル部長との交流を踏まえて、米国の安全保障戦略に関する分析もケーススタディとして行なわれている[9]（後述）。

ただし、外部の物理的脅威に備える安全保障戦略と、市場における他企業との競争の指針を示そうとする経営戦略とは明確に異質である。両者を共通の分析基盤に乗せるとすれば、まずその異質性について整理しておくことが不可欠であろう。ここでは、次の三つの視点から両者の異質性を検討しておく。

第一に考えられるのが、両者の念頭に置く時間的未来、すなわちタイムフレームである。よく言われるとおり、軍事力の構築には長い時間を要する。たとえば、戦闘機部隊を編成するには、戦闘機を生産し、整備基盤を構築し、パイロットを育成しなければならず、ゼロからそれを行なうとすれば10年単位の時間を要する。これは陸上戦力や海上戦力についても同様である。安全保障戦略においては、その「手段」の主要な構成要素は軍事力となるから、必然的に長期的なタイムフレームを持つ必要がある。

ただ、これは必ずしも安全保障戦略の専売特許ではない。経営戦略においても、たとえば工場を建設して生産力を向上させるかどうかといった意思決定については、市場の長期的動向を考慮する必要があり、やはり一定の長さを持ったタイムフレームを必要とする。そのため、タイムフレームの相違はそれほど大きなものとはならないと考えられる。

第二に考えられるのが、戦略の中の「目的」が目指すアウトプットである。この点において、経営戦略と安全保障戦略との間には大きな違いがある。経営戦略の分野においては、市場の基本的なルールと達成すべき目標（利益、シェアなど）があらかじめ明確であり、ルールや目標それ自体を問い直す必要はない。また、M&Aによる規模の急激な拡大や新たな商品分野の開拓など、企業間の競争が行なわれる環境そのものに働きかけ、それを変革させていくことも可能であるため、環境への働きかけの仕方そのものが戦略の構成要素となりうる。

一方、安全保障の分野においては、国連憲章をはじめとする国際法というかたちで国際環境の基本的ルールは示されているものの、利益やシェアといったかたちで、達成すべき目標を客観的に示すことは不可能である。また、主権国家同士の関係では、同盟関係の樹立は可能ではあるが、企業間のM&Aのようなかたちで合併することは基本的に不可能である。また経営戦略において新商品分野を開拓するのと同じような意味で、軍事力や経済力といったハードパワーや、文化的な魅力などのソフトパワーといった要素からなる国家間のパワーバランスに新たなパワー概念を作り出してバランスを変えていくことも難しく、環境そのものに働きかけていくようなことは戦略の構成要素とはなりにくい。

第三に、戦略の結果がいかなるかたちで評価されるかである。これについても経営戦略と安全保障戦略との間には大きな相違がある。経営戦略においては、継続的に経済活動が行なわれているため、利益やシェアといった、設定された指標に基づいて業績の改善や悪化を客観的にかつ常時評価することができる。

一方、安全保障戦略の評価は、究極的には戦争に勝つないし負けるというかたちで現れるとはいえ、国際政治において戦争行為は常態的に行なわれているものではない。また、安全保障分野における戦略は、自助努力ないし同盟国などとの協力を強化していくことによって自らに有利なパワーバランスを構築していくことを通じて戦争を回避することを目指すべきであって、戦争に勝利することそれ自体ではない。仮に戦争に勝利し得たとしても、戦争という局面が発生したこと自体が戦略の失敗であることも考えられうる。このように、安全保障戦略を、客観的な指標に基づいて評価することはきわめて困難なのである。

安全保障における大戦略の必要性

こうしてみると、安全保障戦略と経営戦略とが、同じように目的・手段・方法の組み合わせとしての戦略を扱っているにもかかわらず、本質的な部分で異質であることがわかる。何よりも、経営戦略の分野では、利益やシェアといった、目的達成度を客観的に評価できる基準が存在するのに対し、安全保障分野においては、そういった基準が存在せず、「何を目指すか」それ自体から考えなければならない。

このため、安全保障分野においては、安全保障戦略の上位概念としての「大戦略」を必要とする。大戦略は、軍事力だけでなく、外交や経済政策なども包含《ほうがん》して、目的・手段・方法の組み合わせを示す国全体の安全保障戦略である。ここで、国家が、単に抽象的な「生存」や「繁栄」ではなく、より具体的な目的を設定したうえで使用可能なリソースをどのように組み合わせるかが示される（この点についての詳細は第2章参照）。

前述のとおり、防衛戦略、あるいは軍事戦略は、この大戦略の下位戦略となる。安全保障のための戦略ということで言えば、大戦略を最上位の戦略とし、軍事戦略（日本の場合は防衛戦略）、外交戦略、経済戦略などが下位戦略を構成する。ただ、軍事戦略には二つの異なるタイプがある。第一は、どのようなかたちで「手段」としての戦闘能力を整備していくかを示すための安全保障戦略である。戦闘能力は、抽象的な概念や原則ではなく、具体的な能力そのものである。そのため、大戦略で設定された「目的」を達成するためにいかなる能力を重視すべきなのか、そしてその能力を強化するためにどの程度のリソース配分を行なうのか、優先順位を明確に示すことは必須である。安全保障分野における戦略と経営戦略とは異質であると前述したが、この部分においては経営戦略との類似性を見いだすことができる。目的がすでに大戦略によって設定されていれば、どの分野にリソースを優先投資するかという、経営戦略と共通する論点が議論の中心になってくるからである。

軍事戦略のもう一つのタイプは、「どう戦うか」という運用の指針を示す戦略である。能力整備のための戦略が、どのような防衛態勢を構築するかという問題に対する答えを示すものであるのに対し、「どう戦うか」という戦略は、すでに構築されている防衛態勢をどのようなかたちで使うかという問題への答えを見いだそうとするものであり、両者は大きく異なる。これはいわゆる「作戦計画」そのものであり、通常は公表されることはない。ただこれこそが、一般的な語感で言うところの「軍事戦略」に最も近いものであるといえよう。なお最近では、この「どう戦うか」という戦略の中でも、作戦計画よりも上位の概念として「セオリー・オブ・ビクトリー」という概念が議論されることが多くなっている。日本語に置き換えにくい概念なのだが、あえて言えばサッカーでいう「ゲームモデル」や、プロ野球の「勝利の方程式」に近い。抑止が破れて戦争になってしまった場合に、どのように戦って戦争の目的を達成するかという「戦い方」を、作戦計画のような具体的なかたちではなく、ある種のストーリーとして示すものといえる。たとえば、冷戦期の日本であれば、北海道にソ連が上陸してくる可能性に備え、仮にソ連軍が宗谷海峡を越えて道北に上陸してきた場合には、旭川の北にある音威子府《おといねっぷ》という場所で阻止することを目指していた。あわせて航空自衛隊は全土の防空を、海上自衛隊はシーレーンの確保を行なうこととされていた。こういった、「どうやって守るか」についての大まかなストーリーが「セオリー・

オブ・ビクトリー」である。これを構築できれば、特に重要な能力を把握することができる。そうすれば、それらの能力を「どのようなかたちで使うのか」「現状では何が足りないのか」を明確化することができ、能力整備のための戦略にもつながっていく。

ロシア・ウクライナ戦争に見られる現代安全保障戦略の特徴

2022年2月24日、ロシアがウクライナへの侵攻を開始した。2021年秋頃から、ウクライナ国境付近のロシア軍配備の増強をきっかけに始まったウクライナ危機をめぐって、首脳外交までもが行なわれて事態の打開が模索されているなかでの衝撃的な攻撃開始であった。何よりも、「グローバリゼーションが進んだ21世紀にこのような戦争が起こる」ことが世界を驚かせた。このロシア・ウクライナ戦争は、戦場の広さ、参加兵力の多さという点で、すでに冷戦終結後どころか第二次世界大戦終結後で最大級の戦争となっており、現代戦略論に多くの示唆をすでに与えている。

なお、国際的な戦略専門家のコミュニティの間では、ロシアのウクライナ侵攻は予測されたシナリオの一つではあった。(10) また、目的・手段・方法の組み合わせとして、「政治的目的を達成するための軍事行動」としてこのウクライナ侵攻を捉えると、ウラジーミル・プーチン大統領なりの

「戦略に基づく合理的行動」として十分説明はできる。目的・手段・方法の組み合わせを論理的に説明できるからである。

開戦から数カ月の段階で、ロシア・ウクライナ戦争におけるロシアの政治的目的はすでにはっきりしていた。それはウクライナに一般的な主権国家としての地位を認めず、事実上の属国とすることである。それを目的とするならば、手段は軍事力ということになる。そして目的達成のためにどのように軍事力を使用するかということになるが、それは大きく分けて三つの方法が考えられる。

第一は、ウクライナのゼレンスキー政権を打倒して親ロシアの傀儡政権を樹立することである。ただし、これは失敗した。

第二は、ウクライナ軍の抵抗を排除しながらウクライナ全土を占領し、支配することである。しかし、これは実現性の見通しはきわめて低い。米国のランド研究所によれば、敵対的な土地を支配するためには、人口1000人当たり20人の兵士ないし警察官が必要であるとされており、(11) この計算を当てはめると、人口4000万人のウクライナには80万人の兵力が必要となる。しかし、それだけの兵力を展開することはロシアには不可能だからである。

そして第三が、ウクライナの全土を制圧するのではなく、ウクライナ政府に、事実上の無条件降伏を強いるような停戦協定を受諾させることである。しかし、ロシアに一方的に有利な停戦協定をウクライナが簡単に受け入れるはずはない。それを受け入れさせるためには、ウクライナの社会、経済、市民生活すべてを軍事的手段で破壊し続けることで、膨大な戦争被害をウクライナに課し、「この損害を止められるならロシアの要求を呑むのもやむをえない」とウクライナの政府と国民に諦めさせることしかないだろう。ロシアが追求している政治的目標と現在のロシアの戦力から実現可能な軍事的目標のバランスを考えると、この第三の方法がウクライナ戦争におけるロシアの目的・手段・方法の組み合わせとしての戦略であると推定される。そう考えるならば、病院や学校に狙いを定めた市街地への攻撃も、電力インフラの破壊も、占領地における「ロシア化」のような措置も、刹那的な行動ではなく、ロシアの戦略全体の中で整合的なかたちで実行されたと理解することができる。

しかし、これは、戦争を政治におけるとは異なる手段をもってする政治の継続として捉える、カール・フォン・クラウゼヴィッツが、著書『戦争論』で論じたような、19世紀的な「古い」武力行使観そのものでもある。クラウゼヴィッツは、19世紀のプロシアの軍人だが、『戦争論』で展開した戦争についての哲学的な考察は、現代においても参照され続けている。

クラウゼヴィッツは、フランス革命後、ヨーロッパにおける戦争が王朝間の戦争から、徴兵された軍隊間の国民戦争に変容したことを受けながら、戦争の性質をさまざまな角度から考察し、戦争を「政治的行為であるばかりでなく、政治の道具であり、彼我両国の間の政治的交渉の継続であり、政治におけるとは異なる手段を用いてこの政治的交渉を遂行する行為である」と看破した。(12) ここでクラウゼヴィッツが強調したことは、戦争とはナショナリズムや闘争本能によって導かれるべきものではなく、政治的な営みとして、政治に設定された目的を実現するための手段として行なわれるべきことであった。戦略上の枠組みに組み込むならば、目的・手段・方法の中で、設定された目的に照らして合理的な範囲で戦争が政策手段として選択されうる、ということである。もちろん『戦争論』以前でも、多くの戦争は政治的目的を達成するために行なわれてきた。しかしクラウゼヴィッツは、軍事的目的は政治的目的に従属することを、直感ではなく、論理に基づいてはっきりと言語化した。これは軍事戦略を考えるうえで一般的なフレームとなり、また国際政治において非常に重要な原則ともなった。そして21世紀のロシア・ウクライナ戦争においてもなお有効な分析枠組みであり続けている。

ただし、ロシア・ウクライナ戦争がまさにグローバリゼーションの時代に発生した国家間戦争であることから、この戦争は、戦略の枠組み自体にも変容が訪れつつあることも示唆している。前述のとおり、クラウゼヴィッツは、戦争とは「政治におけるとは異なる手段を用いてこの政治的交渉を遂行する」と論じた。このことは、戦争が始まった場合、「政治的交渉」は「政治とは異なる手段」である軍事力によって「遂行」されることを意味している。

しかし、現在展開しているロシア・ウクライナ戦争においては、軍事力は戦場において重要な役割を果たしているが、それ以外の要素も大きな役割を果たしている。たとえば、ウクライナ支援の中心的な役割を果たしている米国は戦争の直接の当事者でないこともあり、ロシアとの外交関係を維持しながら外交面での圧力を強めている。欧米の経済制裁やロシアの資源供給を通じた圧力もまたこの戦争において展開している。情報面においても、ロシアとウクライナの双方が、自らの行動の正当性を示すための激しい情報戦を展開している。

このように、ロシア・ウクライナ戦争において使用されているのは軍事的手段だけではない。戦争が始まった瞬間に、軍事力のみが作用するフェイズに切り替わるのではなく、外交、経済、情報など、あらゆる国家のリソースが動員され、「政治的交渉を遂行」しているのである。つまり、「政治とは異なる手段を『もってする』政治の継続」というよりも、「政治とは異なる手段を『含む』政治の継続」として、軍事力以外の手段もすべて組み合わされたうえで戦争を戦っていると捉えられる。このことが、「ヒト・モノ・カネ」の相互交流・相互浸透が進んだグローバリゼーションの時代における戦争の特徴であると考えられる。

安全保障分野においては、大戦略を最上位の戦略とし、その下位に軍事戦略、外交戦略、経済戦略があると前節で論じたが、平時においては言うに及ばず、有事においても、これら下位戦略同士の連携を強化していかなければならない時代になっていることを、ロシア・ウクライナ戦争の展開は示唆している。

戦略立案プロセスの重要性

戦略文書の限界

現代社会において、「戦略」は不可欠である。解決すべき重要な問題を場当たり的に対応するのではなく、能動的に行動して問題に取り組んでいこうとするとき、人間は戦略を求める。それは経営分野でも安全保障分野でも変わりはないし、人間の生活に関わるほかの分野においても当てはまる。

戦略を策定することには二つの利点がある。一つは、戦略そのものによってもたらされる行動指針の設定である。前述したように、戦略とは、具体的な目的を設定したうえで、具体的な方法・手段やリソース配分の優先順位を示すロードマップである。これらが明確な戦略が組み上げられれば、漠然とした目的に向かっていったり、あるいは目的が何かも十分に理解せずに場当たり的な行動をとったりすることを避けられる。

ただし、戦略が役に立つためには、具体的な内容をともなわなければならない。目的を達成するためにはどのような障害を克服しなければならないか、どのような環境を構築していく必要があるか、また競争相手との関係では自らのどの能力分野を強化していくべきかといった、取り組むべき課題を「目で見えるかたち」で示し、それらに取り組む下位戦略も併せて構築するのが理想である。それができれば、状況追随的に行き当たりばったりに対応しているだけでは絶対に達成できない目的の実現に進んでいくことができる。

もう一つは、戦略を組み立てていくプロセスそのものがもたらす利点である。見過ごされがちなことであるが、実際には、最終的に何らかのかたちで文書化されるであろう戦略そのものよりも、戦略の立案プロセスこそが、その戦略の成否に重要な意味を持つ。具体的な内容を持つ戦略が策定され、それが文書として組織内で配布されることで、すべての意思決定が戦略に基づいてなされることはある種の理想かもしれないが、現実の組織ではそのようなことは決して起こらない。国家であれ社会であれ、現代社会の組織は、組織を構成する多数の階層の中で日々無数の意思決定を行なっている。これらの意思決定は、戦略上の目的と合致していることが求められるわけだが、極めて複雑化している現代的な組織の意思決定のすべてを、一人のリーダーや一部の戦略プランナーで管理していくのは現実には不可能である。

現代のアメリカの安全保障政策を例にとってみよう。アメリカでは、ホワイトハウスから「国家安全保障戦略」、国防省から「国家防衛戦略」など数多くの戦略が文書として発表される。しかし、これらが現実に具体的な政策を展開するうえで指針になっているかというと、実際にはそうではないことのほうが多い。

オバマ政権の前半に国家安全保障会議（NSC）で北東アジア担当上級部長を務めたジェフリー・ベイダーは、退任後に著した回顧録の中で、NSC、国務省、国防省が定期的にグローバルな戦略を発表してきたが、それらは実際の危機に際して参照されることはほとんどなかったとはっきりと述べている。ベイダーは、自らの経験を踏まえ、現実の政策決定は戦略文書に基づいて行なわれるのではなく、その場その場の戦術的な決定の蓄積として行なわれるのだと指摘している。[13] この例からもわかるように、文書として作成された戦略によって、個別の意思決定が決まっていくことは実際には稀なのである。

では文書として作成される戦略は無価値なのだろうか。それもまた極論であり、正しくない。

この点については、1950年代後半のアメリカ大統領ドワイト・アイゼンハワーが残した「計画（plan）は無意味（useless）だが、計画立案（planning）は極めて重要（essential）だ」との言葉が含蓄《がんちく》に富む。彼が指摘しているのは、作成された戦略そのものよりも、戦略ができあがるまでの立案プロセスが重要だということである。

戦略立案プロセスの専門家であるダニエル・ドレズナーも、この点については「計画」と「計画立案」と「計画立案を行なう担当者（planner）」とを峻別する必要があることを指摘している。(14) この両者が言う「計画」とは戦略と同義に捉えてよい。つまり、彼らは、戦略そのものと同等ないしそれ以上の価値を、戦略を作り上げるプロセスに見いだしているのである。

「全体最適」と「部分最適」のせめぎあい

戦略立案プロセスの重要性について、三つの論点からもう少し掘り下げて考えてみたい。

最初の論点は、国家であれ企業であれ、現代社会における一定の影響力を持つ行動主体のほとんどは規模が大きく、内部も複雑に分化しているため、一元的な意思決定で行動するビリヤードボール的な組織ではないことである。これらはさまざまな機能・目的を持った下部組織によって構成されており、それらの下部組織は、それぞれ自律的に意思決定を行なっている。

たとえば、日本政府の安全保障政策は、主として内閣官房、防衛省、外務省、財務省の相互作用の中で進められている。そして防衛省の中にも、防衛戦略を担当する部門もあれば、防衛力整備を担当する部門、防衛交流を担当する部門、アメリカとの協力を担当する部門などに分かれている。さらに実働部隊である陸海空自衛隊の中核になる幕僚監部もある。企業も、市場調査をする部門や、生産計画を立てる部門、研究開発部門、営業部門などに分かれて活動している。

これらのそれぞれの部門は、部門ごとに目的を立てて業務を実行している。つまり、部門ごとにある種の下位戦略が形成されていることになる。ただし、それぞれの下部組織が最適と考える戦略が、組織全体として最適な戦略とは限らない。いわゆる「部分最適」と「全体最適」の違いである。

全体として最適なかたちで上位戦略と下位戦略を組み合わせることが、組織全体として戦略を達成するために必要なのは自明である。これが「全体最適」が達成された状態となる。しかしそのためには、個別の部門の下位戦略を、上位部門の戦略に従属させ、場合によってはその下位部門だけの視野から見ると「最適ではない」かたちで組み上げなければならなくなる可能性がある。つまり、「全体最適」は達成されているが、「部分最適」は達成されていない状態となる。しかし、組織全体から見れば、「部分最適」よりも「全体最適」のほうが優先されるべきなのは自明であろう。そう考えれば、それぞれの下位部門も、自らの視野からではなく、組織全体の視野から必要とされる目的と手段の組み合わせを理解し、それに沿ったかたちで下位戦略を形成する必要がある。

ただし、これは容易なことではない。「全体最適」のために「部分最適」を犠牲にしなければならなくなる部門がでてくるからである。それは上位部門が権力的に決定することもできるが、組織全体を長期的に円滑に機能させていくためには、それらの下位部門も「計画立案の担当者」として戦略立案プロセスに参画させたうえで、戦略の内容を「暗黙知」（言葉では表現しきれない共通認識、対語は形式知）を含めて共有していくプロセスがどうしても必要になる。[15] そうすれば、それぞれの部門も、組織全体の戦略に対して当事者意識を持ったうえで、それと整合性を持つようなかたちで下位戦略を形成したり、個別の意思決定を行なっていくことが期待できる。

逆に、戦略を一部の戦略立案部門のみで完結するかたちで組み上げていった場合、組織を構成する下位組織はそれを「自分たちの戦略」とは見なさなくなる。そうなると、下位組織が持つであろう戦略と上位戦略との間に齟齬が生じたり、下位組織が全体の戦略とは無関係なかたちで個別の意思決定を行なう可能性が高くなる。そうなってしまうと、文書としての戦略はできあがっても、組織全体としてはその戦略に沿ったかたちで行動することができなくなってしまう。

「負け組」にも当事者意識を

第二の論点は、戦略とは、究極的には有限のリソースをどのように割り当てていくのかを決めていく「優先順位の芸術」であることに起因するものである。リソースが有限である以上、そもそもすべての下位組織が望むだけのリソースを手に入れることはできない。さらに戦略に基づいて、組織全体の最適なかたちでリソース配分に優先順位を付ければ、一部の下位組織は相対的に多くのリソースを配分される一方、別の下位組織は少ないリソースしか配分されないことになる。いわば、戦略ごとに「勝ち組」「負け組」が生まれてしまうのである。

しかし、そもそも、そういうかたちではっきりと優先順位を付けなければ、戦略を立てる意味がない。そうだとすれば、戦略が明確であればあるほど、組織の中に不満を持つグループが生まれる可能性があるということでもある。こうした組織内の不満を管理するためには、これらの下位組織も戦略立案プロセスに参画させ、その戦略の考え方を共有させたうえで、組織全体のリソース配分の優先順位を受け入れさせる必要がある。これは論理的な説得だけでなく、ある種の権力行使であったり、政治的なプロセスも必要になるかもしれない。いずれにしても、「負け組」に対しても「自分たちの戦略である」という当事者意識を持たせ、自らに不利なリソース配分についても、「納得」させていくプロセスが不可欠になる。

第三の論点は、戦略が必要となるような環境においては、行為主体は自分たちだけではないことである。そこには、ほかの行為主体も存在していて、それらもまた戦略を立案して実行しており、自分たちとは競争的な関係にある。(16) そうなると、他者の行動によって自らの目的や手段を変化させなければならない状況が生まれるということでもある。

「敵と交戦した後で生き残れる計画は存在しない」(19世紀のプロシアの参謀総長であったモルトケ)、「最初のパンチを顔面に食らうまで、誰もが計画を持っている」(20世紀の一時期に最強とされたプロボクサーのマイク・タイソン)といった言葉があるが、これらは、戦争であれ、ボクシングであれ、相手も戦略を持って行動している以上、自らの戦略も立案したとおりには実行できないことを物語っている。

ほかの行為主体との競争的な環境の中で、最初の戦略が十分に有効でなくなったときにはどうすべきだろうか。まず考えられるのは、下方修正を含め、目的そのものを大きく変更することである。そうなると、戦略立案プロセスそのものをはじめからやり直し、目的・手段・方法をゼロから見直す必要があろう。

しかし、競争の中で戦略を見直さなければならない時とは、目的そのものを見直す必要がある時だけでなく、当初選択していた手段・方法では目的が達成できなくなりそうな状況であることも考えられる。もともと目的は理由があって選択されているのだから、その理由そのものをくつがえすような状況の変化がない限り、多くの組織にとって、目的そのものは維持しようとするであろう。だとすれば、見直しを必要とするのは目的そのものではなく、目的を実現するための方法論としての手段・方法やリソース配分となる。

また、競争的な環境の中では、こちらが手を打ったら、競争相手もまた別の手を打ってくる。つまり、最適な方法や手段は、競争相手との関係で絶えず変化していく。そうだとすると、手段やリソース配分を見直すにしても、組織全体で戦略立案プロセスをやり直しても意味はない。単に戦略立案プロセスをやり直していては時間がかかるというだけでなく、そうやって新しい戦略を立てても、競争相手の行動によってすぐに陳腐化してしまうからである。時間をかけずに戦略を修正していくためには、それぞれの下位組織が当初の目的達成に合致するようなかたちで下位戦略を見直し、全体の目的を実現していくために手段やリソース配分も見直していく必要がある。

このように、相手の行動を踏まえて自らの戦略を変えていくためにも、戦略立案プロセスは重要である。そもそも最初の戦略を作り上げるときにそれぞれの下位組織が当事者意識を持つようなかたちで戦略立案プロセスに組み込んで、最初の戦略の考え方の原則が共有できていれば、相手の行動に応じてダイナミックな適応を現実に行なうことの難しさが低減される。このようなかたちで戦略立案プロセスがデザインされていれば、競争的な環境の中で、手段やリソース配分を変更しなければならなくなったとしても、即応的に対応していくことが期待できるのである。

戦略立案プロセスの大きな役割

これまで見てきたように、実際に組織として戦略を実行していくという観点から見ると、戦略そのものだけでなく、戦略プロセスのデザインも大きな意味を持つことがわかる。特に下位戦略の計画立案を行なう担当者を上位戦略のプランニングプロセスにどう組み込むかが、暗黙知としての上位戦略がどの程度共有されるかを決定するからである。この点から、ドレズナーの言うように、戦略そのものと、戦略立案プロセスと、計画立案を行なう担当者とは区別して考えておくことが有益である。これを敷衍《ふえん》していくと、戦略そのものと、それを言葉として書き残した戦略文書とは同義でないことがわかる。戦略文書とは、戦略立案プロセスの結果できあがった文書そのものにすぎず、アイゼンハワーが「無意味」と評したものである。一方、彼は、戦略立案プロセスは「極めて重要」と評した。戦略立案プロセスの大きな役割は、そこに計画立案担当者として参画する下位部門に当事者意識を持たせるとともに、戦略の基本的な考え方を組織全体に暗黙知として共有することである。国家であれ企業であれ、最高ランクの意思決定者だけでなく、下位部門もその戦略の基本的な考え方を暗黙知のレベルを含めて共有していれば、最高ランクの意思決定者だけでなく、下位組織も日々行なう無数の意思決定にそれを反映し、また状況の変化に対応して手段やリソース配分を迅速に変化させていくことが期待できる。

一方、戦略文書を策定する場合には、秘密保全の観点から参加者を限定することがしばしばある。ところが、これまで述べてきた観点から言えば、そうしたやり方は望ましくない。組織を構成する下位組織が当事者意識を持たなければ、限られたメンバーが作成した戦略文書について「自分たちの戦略」という意識を持つことはないからである。結果、上位戦略と下位戦略との齟齬が生じる可能性が高くなり、立てた戦略が目的達成に結びつかなくなる可能性が高まる。十分に組織内の関係者を関与させず、計画立案プロセスをスキップするような戦略文書は、有効な戦略とはなり得ないのである。

その戦略の元になる情報が厳重な秘密保持を必要とするもの（核兵器の詳細な情報など）であったり、競争相手に先取りされると大きな損失を受けることが明白であるような場合であれば、計画立案の担当者を絞り込むのはやむをえない。しかし、実際に戦略を実行するプロセスにおいて、組織全体に共有される暗黙知が大きな役割を果たすことを考えれば、一般的にはステークホルダー（利害関係者）となりうる下位組織をできるだけ広く包含するかたちで、戦略立案プロセスを進めていくことが望ましい。戦略を成功させていくうえでは、作成される戦略文書そのものよりも、戦略立案プロセスのデザインの仕方が重要なのである。

ここまで述べてきたように、具体的な目的や手段、リソース配分の優先順位が示されなければ、戦略文書であっても戦略とはいえない。しかし、それらがきちんと記述された戦略文書であっても、関係するステークホルダーが当事者意識を持つようなかたちで戦略立案プロセスがデザインされていなければ、その戦略を実際に機能させていくことはできないのである。

現代社会において、戦略がさまざまな局面で必要とされており、無数の戦略が作られている。しかし、その中で成功したものはそれほど多くない。ではなぜ戦略を成功させるのは難しいのか。次章では戦略を形成していくうえでの課題を検討する。

（1）Lawrence Freedman, *Strategy: A History,* kindle edition, (Oxford University Press, 2013). 日本語版はローレンス・フリードマン（貫井佳子訳）『戦略の世界史：戦争・政治・ビジネス』（日本経済出版、2018年）。
（2）Ibid, location 99.
（3）M・E・ポーター（土岐坤、中辻萬治、服部照夫訳）『新訂 競争の戦略』（ダイヤモンド社、1982年）17–54頁。
（4）楠木建『ストーリーとしての競争戦略：優れた戦略の条件』（東洋経済新報社、2010年）85–101頁。
（5）John Lewis Gaddis, *On Grand Strategy,* kindle edition, (Penguin Books, 2019), p.20.

（６）エドワード・ルトワック（武田康裕、塚本勝也訳）『エドワード・ルトワックの戦略論』（毎日新聞社、２０１４年）。

（７）Richard P. Rumelt, *Good Strategy / Bad Strategy: The Difference and Why It Matters,* kindle edition, (Profile Books, 2011), location 375-381.

（８）Ibid.

（９）Ibid., location 805-885.

（１０）Center for Global Security Research, Lawrence Livermore National Laboratory, “Winning Conventional Regional Wars Against Nuclear-Armed Adversaries,” 6th Annual Deterrence Workshop Summary, (November 20-21, 2019), https://cgsr.llnl.gov/content/assets/docs/Winning-Conventional-Regional-Wars-Summary.pdf.

（１１）RAND Corporation, “What RAND Research Says About Counterinsurgency, Stabilization, and Nation-Building,” (October 6, 2021), https://www.rand.org/ard/topics/counterinsurgency-stabilization-and-nation-building.html.

（１２）カール・フォン・クラウゼヴィッツ（篠田英雄訳）『戦争論（上）』（電子書籍版）（岩波文庫、２０１９年）50–51頁。

（１３）Jeffrey A. Bader, *Obama and China's Rise: An Insider's Account of America's Asia Strategy,* kindle edition, (Brookings Institution Press, 2012), location 1943-44.

（１４）Daniel W. Drezner, “The Challenging Future of Strategic Planning in Foreign Policy,” in Daniel W. Drezner, ed., *Avoiding Trivia: The Role of Strategic Planning in American Foreign Policy,* (The Brookings Institution Press, 2009), p.4.

（１５）暗黙知の重要性を説いたのが野中郁次郎である。野中郁次郎、紺野登『知識創造の方法論』（東洋経済新報社、２００３年）。

（１６）Friedman, *A Strategy,* p.xi.

第2章　戦略はなぜ失敗するか？

戦略とは、目的・方法・手段を明確に示し、限られたリソース（資源）を効果的に用いることを目指すものであり、現代社会のさまざまな局面で重要な役割を果たしている。戦略は、企業や国家のような巨大な組織が、文書のような「目に見える」アウトプットをともなうかたちで作ることが多いが、個人レベルの生活のさまざまな場面で意識的、あるいは無意識的に考えられることもある。これらすべてをあわせれば、社会の中で無数の戦略が形成されているが、すべての戦略が成功するわけではない。むしろ失敗するもののほうが多いだろう。そこで本章は、「戦略はなぜ失敗するか？」という観点から、戦略を形成していくうえで認識しておくべき課題について整理する。

前章でも引用したルメルトは、戦略とは、単に目標を設定するだけでなく、問題を解決に導くものでなければならないとしたうえで、「良い戦略」には、①現状についての正確な診断、②実際に意思決定を行なううえで基準となる指針、③戦略そのものの考え方と合致した一貫した行動からなる「核」があるとした。一方、「悪い戦略」の傾向として、次の四点のいずれかが当てはまると指摘する。第一が「核」となる実際の行動がなく、戦略というよりスローガンでしかないもの、第二が直面している課題に向き合っていないもの、第三が目的と戦略とを同一視してしまっているもの、第四は目的が適切でないもの、である。[1] ここからは、このルメルトの指摘を踏まえながら、戦略を構築するうえでの課題と、なぜ戦略が失敗するかについて検討する。

戦略を成功させるための五つの課題

戦略の複層性——上位戦略と下位戦略

前述したように、戦略とは目的・方法・手段の組み合わせを示すものである。しかし、目的・方法・手段の区別は、それほど明確なものではない。また、問題Aの戦略を組み立てるには、A

だけを考えるのではなく、付随する問題ＢやＣを解決しなければならないことがほとんどである。そのためには付随的な問題ＢやＣに取り組むための下位戦略が必要となる。問題Ａが複雑で重要であればあるほど、下位戦略の必要性は増し、戦略を複層的に形成しなければならなくなる。前章で述べたように、安全保障についていえば、最上位に大戦略があり、軍事戦略や外交戦略がその下位戦略となり、さらに「セオリー・オブ・ビクトリー」（２０１頁参照）や具体的な作戦計画が作成される。

そのため、戦略を組み立てていく際には、どの「層」のものなのかをきちんと認識しておかなければならない。下位戦略は独自の戦略体系を形成するものではなく、それ自体が上位戦略の目的達成の手段であり、最上位の戦略を頂点とする一貫した論理体系のコンポーネントにすぎないからである。作成しているのが下位戦略であれば、上位戦略を理解したうえで、その手段となるようなかたちにしていかなければならない。目的のために手段があるのであって、手段のために目的があるのではないからである。下位戦略が逆に上位戦略を拘束するようなことがあれば、手段が目的を規定することになってしまう。

一方、上位戦略を作成する場合、下位戦略の指針となるような具体的な目的・方法・手段が示されなければならない。特に、上位戦略で示される目的が単なる願望であったり、実現不可能なものであったり、あるいは具体的な優先順位の提示をともなうものでなければ、下位戦略の指針とはならない。古来より戦術レベルの成功で戦略レベルの失敗を補うことはできないとされている。問題解決につながるような目的が上位戦略で示されていなければ、下位戦略によってその問題を解決することはできないのである。それを避けるには、下位戦略のベースとなる具体的な指針を上位戦略で示しておく必要がある。

ただし、これは上位戦略を戦略文書にすることを意味しない。組織全体として上位戦略が暗黙知として認識されているなら、戦略文書は必ずしも必要ではない。これに関してアメリカの冷戦戦略が好例となる。アメリカの冷戦期の大戦略は「封じ込め戦略」と通称され、ジョージ・ケナンがモスクワの大使館から打電した公電である「長電報」や『フォーリン・アフェアーズ』誌に寄稿した「X論文」を基にしたものであり、公式文書としてはトルーマン政権期のNSC-68によって形成されていったとされる。(2) この「封じ込め戦略」は、全体が公式の戦略文書として定式化されたわけではないが、アイゼンハワー、ニクソン、フォード、レーガンの共和党政権、ケネディ、ジョンソン、カーターの民主党政権においても大きく変わることなく踏襲された。これは「封じ込め戦略」が、後年「バイタルセンター」と通称される両党の安全保障政策エリートの間で暗黙知として内面化されていたことの現れである。米国の冷戦戦略の大枠は、エリートの間ですでに認識レベルで共有されているものであったため、あえて戦略文書にする必要がなかったのである。逆に、現在のアメリカにおいては、トランプ支持層と伝統的なエリートの間のギャップが典型的な例であるように、対外政策におけるコンセンサスが不在であることから、大戦略を立てても実行が不可能であり、大戦略のことを考えることが無意味になりつつあるという議論もある。(3)

明確な戦略目的──何が成功で何が失敗かを定義する

第二の課題が、複層的に形成される戦略のそれぞれのレベルで、明確に目的を設定することである。これは単なる「願望」や「スローガン」のリストであってはならない。たとえば、本章でたびたび引用するルメルトは、ブッシュ政権が策定した2002年度版国家安全保障戦略を「戦略の名に値しない」と酷評している。この国家安全保障戦略は、対テロ戦争における「先制行動論」を提唱した重要な戦略文書であり、①人間の尊厳を守りたいという熱望を擁護する、②グローバルなテロリズムを打破するために同盟を強化し、米国と友好国への攻撃を阻止するために努力する、③地域紛争を緩和するために他国と協力する、④大量破壊兵器によって米国と同盟国・友好国が脅迫されるのを阻止する、⑤市場経済と自由貿易によってグローバルな経済成長の新たな時代を開始する、⑥社会を開放し、民主主義のインフラを構築することで発展の範囲を拡大する、という六つの目標を提示している。[4]

ルメルトは、これは単なる目標の羅列であって、実現性についての評価も実現に向けた具体的な方法論もまったく記載されておらず、戦略の名に値しないと指摘した。特に③の「地域紛争を緩和するために他国と協力する」については、「驚くほどに表層的な政治的スローガン」にすぎないとし、④「大量破壊兵器によって米国と同盟国・友好国が脅迫されるのを阻止する」も同様にスローガンであり、戦略に必要な要素を備えていないと厳しく批判した。[5] 確かに、ルメルトが指摘するように、地域紛争に対応しなければならないのは米国にとって自明の目標であるが、その一方で、米国の国益に照らして重要な紛争とそうでない紛争とではアプローチの仕方は異なるであろう。だとすれば、重要な紛争かそうでない紛争かを判断する基準を設定する必要がある。大量破壊兵器の脅威に対処するのも、具体的な方法論がなければ実際の抑止力を向上させることはできない。戦略における目的とは、自明なスローガンを抽象的に掲げるのではなく、その目的を達成するための具体的な方法論が導き出せるようなかたちで明確に示されなければならない。そう考えれば、この2002年度版の国家安全保障戦略の記述は、具体性を持っているとはいえない。

ただし、「明確」という言葉自体は曖昧である。どの程度具体的に記述すれば十分な「明確さ」を持ったと言えるのか、客観的に定義するのは難しい。そこで、本章では、戦略における「目的が持つべき明確さ」を「失敗が何かを定義できるレベルの具体性を持つこと」と定義する。

これに似た考え方を提示したのが、科学哲学者であるカール・ポパーである。科学哲学とは、「科学とは何か」「科学の方法論はどうあるべきか」について考える学問領域である。ポパーは、科学の定義として「反証可能性があること」を提唱した。[6] 一見逆説的であるが、「間違いであることがわかること」を科学の条件としたのである。これは、科学の歴史が、直線的に真実にたどり着いたのではなく、絶えず仮説が反駁され、修正されながら進んできたことを考えると一つの考え方として有効である。歴史的にしばしば引用される事例として、ニュートンの万有引力の理論は、水星の近日点移動を説明できず、アインシュタインの一般相対性理論に取って代わられ、その一般相対性理論にしても、量子力学レベルの現象を説明することはできないことが挙げられる。反証が可能であるということは、仮説から導き出される予測の「何が的中し、何が外れたか」を判断できるということであり、そのためには高いレベルの具体性を持った記述が不可欠になる。

逆の例として、以前流行した「ノストラダムスの大予言」を挙げることができる。これらの

「大予言」とされる詩は、記述が曖昧で、それゆえに「間違っていた」ことを端的に証明するのは容易ではなかった。あるいは、聖書に根拠を求める進化論否定論者の言説も、聖書自体の言説が曖昧で一般的な記述であるから、それを真剣に信じている人に対して「間違っている」ことを納得させるのは難しい。ポパーの立論に従えば、科学においてはそのような曖昧な記述は許されない。「反証可能性」は、その具体的な基準として規範的な意味合いを含んで示されたものである。(7)

科学哲学の中では、「反証」がそもそも可能なのかを含め、「反証可能性」についてもさまざまに議論されているし、科学哲学と戦略論はまったく異なる知的体系であり、一方の枠組みをもう一方にそのまま導入することには慎重であるべきであろう。(8)しかし、戦略の有り様を考えるうえで、この「反証可能性」の考え方を参照するのは有益である。そこで求められる記述の具体性は、戦略で求められる優先順位の設定にも有効だからである。そこで、ここでは、ポパーの言う「反証可能性」を「失敗する可能性」と言い換えたうえで考察を進めてみる。たとえば、目的が曖昧な戦略は、「間違えない」こと、つまり「失敗しない」ことが可能である。それは、戦略が成功するからではなく、何が「失敗」なのか定義できないからである。「失敗」が定義されない以上、その戦略が失敗することはない。しかし同時に、「失敗」を定義できなければ、実は「成功」

が何かも定義できない。定義できない「成功」を達成することは不可能である。その戦略が目的を達成しているかどうか不明であれば、戦略を修正することもできなくなってしまう。

そう考えていくと、ポパーの言う「反証可能性」は十分に戦略論に援用できると考えられる。本章では、戦略の持つべき明確さとは、「失敗する可能性」があること、つまり、何が「成功」で、何が「失敗」かを定義できるかたちで目的・方法・手段を提示することとする。

ただし、反証が実際には難しいのと同じように、戦略の失敗を認めるのも難しい。科学においても、反証に対し、元々の仮説を支持しつつそれを修正する補助仮説を提示し、反証には至らなかったことを主張することがしばしばあると指摘されている。[9] 同じようなことは戦略においても当てはまるだろう。当初の戦略が成功していない状況にもかかわらず、失敗を認めず、リソースを追加的に投入（戦力の逐次投入）する状況はよくある。また、組織が大規模で複雑であればあるほど、意思決定過程も複雑になり、その組織内の下位組織もさまざまな認識を持つようになる。たとえば、実行中の戦略によって組織内で「勝ち組」となっている下位組織は、戦略が失敗したことをなかなか認めないであろう。そうなると、組織として戦略の失敗を認め、修正のための意思決定を行なうこと自体に大きなリソースが必要となる。

このように、実際には、「失敗する可能性」を明確に示した戦略であっても、状況がうまくいっていないときに行動を修正していくのは実際には容易ではない。しかし、いずれにしても、最初の段階で何が「成功」で、何が「失敗」なのか定義できていなければ、戦略で示された目的が達成されていなくても、戦略を修正することは絶対にできないし、目的が達成できたかどうかさえ認識できなくなってしまう。こうしたことから、戦略を成功させるには、「失敗が何かを定義できるレベルの具体性」を備えておくことが必要であると考えられる。

その点に関連して、ＫＰＩ（Key Performance Indicator）と通称される重要業績評価指標を導入し、数値的な目標を設定するという考え方もあろう。売上、利益やマーケットシェアなどの指標を設定するかたちで、経営戦略の分野では一般的に行なわれていることである。ただし、ＫＰＩは数値的に評価可能な指標を設定できてはじめて導入が可能になる。安全保障戦略の分野においては、そうした数値的な指標の設定自体が不可能な場合が多い。よって、安全保障戦略においては、ＫＰＩの設定は不可能であるという前提で成功と失敗の評価基準を定めておく必要がある。

戦略の実行における二つの論点

もし無限に近いリソースを投入可能であれば、戦略は必要ない。戦略を立てなければならない状況においては、リソースは間違いなく有限であるから、手元にあるリソースにどのような優先順位を付けるかが戦略の重要な役割となる。

前段では、戦略には何が成功で何が失敗かを判定できるレベルでの明確さが必要になると述べた。目的・方法・手段のうち、そこで必要になるのは目的についての明確さである。同時に、目的を明確に示すだけでは戦略を成功させることはできない。ルメルトが指摘するように、目的の設定だけが戦略ではないのである。リソースが有限である以上、それを効果的に使用するためには、目的達成に重要な役割を果たす手段に対して集中的にリソースを投入するための指針を示せなければならない。

ただし、単にリソース配分の優先順位を示すだけでは、実際に成功につながる戦略にはならない。戦略とは、策定するだけで終わりではなく、それを実行していかなければならないからである。その実行プロセスを考えると、少なくとも次の二点が重要になる。

第一は、組織内の「負け組」にも当事者意識を持たせることである。前述したようにリソース配分に優先順位を付けると、組織内に「勝ち組」と「負け組」が作り出される。逆に言えば、「勝ち組」「負け組」を作らない総花的なリソース配分では、有限なリソースを効果的に使用することはできない。また組織内の「負け組」がその戦略を「他人事」として捉え、「部分最適」を追求して自分たちで独自の行動をとるようなことがあると、組織全体としての目標達成は難しくなる。そのため、「負け組」となってしまう下位組織にも、戦略の暗黙知を共有させて、当事者意識を持たせないと、「全体最適」に向けた行動は期待できない。多くの下位組織は、自らが「負け組」となるような戦略の策定には抵抗するであろう。しかし、彼らが戦略を受け入れなければ、せっかく作った戦略も効果的に実行することはできない。そのため、下位組織にも当事者意識が持て、戦略の基本的な考え方が少なくとも暗黙知として共有されるような戦略策定プロセスをデザインしていく必要がある。

第二は、トップレベルの意思決定者がきめ細かく戦略の実施プロセスを確認することである。組織が大きく、複雑になればなるほど、戦略文書はもちろん、暗黙知を共有するだけでは効果的に戦略を実行していくのは難しくなる。いかに当事者意識を持たせようとしても、下位組織には下位組織の立場や状況理解があり、それが戦略の考え方と完全に一致するとは限らない。さらに暗黙知が具体的な個別の意思決定のすべての指針となるだけの具体性を有しているとも限らない。そうした限界を考えると、戦略の策定に至る問題意識を最もよく理解している組織の上層部が、きめ細かくプロセスをチェックしていくことは不可欠となる。

これはいわゆるマイクロマネジメント（上司が部下を細かく管理・チェックすること、過干渉）となるリスクを内包している。しかし、南北戦争のリンカーンや第二次世界大戦のチャーチルのように、歴史的に見て「偉大なリーダー」と見なされる人物は、実際には軍事部門の行動が大戦略に合致するように細かく指示していたことが明らかになっている。[10]

経営戦略の分野でも、不確実な環境でイノベーションを進めるには、実行プロセスに上層部が直接関与する必要があることが指摘されている。[11] もちろん、チェックのためのチェックになってしまったり、単に枝葉末節に口を出すだけではマイクロマネジメントそのものとなってしまう。しかし、特に現代社会の複雑な組織においては、指針としての戦略ができたくらいで、全体の行動が変わることはない。文書として戦略が策定されたからといって、一糸乱れぬかたちで自動的にそれを実現していくことはない。そのため、戦略を実行する際には、暗黙知に頼るだけでなく、その戦略をはっきりと理解している意思決定者が、戦略の目的や優先順位に沿ったかたちでリソースが使われ、意思決定が行なわれているかを絶えず確認していく必要がある。

競争相手の存在――「ネットアセスメント」という手法

戦略が必要とされる状況には、何らかの危機が存在する。そして、そこには自分たちだけが存在しているわけではない。間違いなく、自分たちと競争関係にある他のプレイヤーが存在し、彼らは彼らで戦略を実行しようとしている。つまり、戦略を実行するプロセスにおいて、他のプレイヤーとの相互作用を避けることはできないのである。この競争的な環境における相互作用性は戦略における重要な論点である。たとえば自らのリソースの量や能力の優劣も、絶対的な基準ではなく、他のプレイヤーとの関係で相対的に評価しなければならない。また、Zというプレイヤーに対して最適だった戦略が、Xというプレイヤーに対しても最適であるとは限らない。というより最適でない可能性のほうが高い。相手の戦略が変われば、最適な戦略も変わる。競争的な関係にある他のプレイヤーとの関係で、目的そのものを修正する必要まで生じなくても、能力の有効性は相対的なバランスに左右されるため、方法と手段については相手との相対的な比較優位・比較劣位の評価を踏まえ、絶えず修正していかなければならない。

そう考えると、戦略は、「戦略作成マニュアル」のような静的なフローチャートを順を追ってこなしていくだけで作ることはできないことがわかる。戦略とは、競争相手の動きも組み込んで自らの動きを変えていくダイナミックなプロセスとして捉えなければならないのである。安全保障の分野では、こうした考え方に基づく戦略へのアプローチを「ネットアセスメント」という。(12) ここで言う「ネット」とは「網」ではなく、「全体的」とか「総合的」という意味で、自分たちのことだけ考えて戦略を考えるのではなく、相手の動きを考えたうえで戦略を考えるということである。

ネットアセスメントでは、自分と相手との比較優位や比較劣位を踏まえながら、自分たちの戦略に対して相手が戦略を変えて対応してくること、さらに相手の新たな戦略に対する自分たちの新たな対応といったかたちで、競争的なプレイヤー同士の相互作用を分析していく。ここでは、「詰め将棋」的な発想が重視される。まずこちらの打ち手を考え、それに対する相手の打ち手を考え、さらにこちらの打ち手を考えていく。

別のプレイヤーが存在し、それらと競争的な関係で戦略を実行する場合は、自分の事情だけ考えていては目的を達成することはできない。つまり、ネットアセスメントにおいては、一義的で絶対的な「正しい答え」は存在せず、相手の動きによってこちらの最適解は絶えず変わっていくという発想に立つ。この発想の中から導き出された考え方の例として、「コスト賦課《ふか》戦略」という考え方がある。[13] こちらの打ち手に対応して相手も手を打ってくるのであれば、相手の打ち手のコストパフォーマンスを悪くするような手を最初に打てば、相手はリソースを無駄に使うことになり、全体として競争を有利に展開できるという発想である。

たとえば、冷戦期のソ連は、米国が1970年代に開発に取り組んでいたマッハ3で飛ぶ超音速核爆撃機B‐70に対抗して、全土に濃密な防空網を構築し、ミグ25のような高速の迎撃戦闘機を開発した。しかし、B‐70は開発打ち切りになり、米国としてはそれほどリソースを費やすことなく、ソ連に防空網構築のコストを負わせることができた。さらに、B‐2ステルス爆撃機の開発によって、せっかくソ連が開発した防空網も無力化することができた。これはコスト賦課戦略の成功例とされている。

逆の例もある。冷戦終結後、米国および同盟国は、弾道ミサイルの脅威に対して弾道ミサイル防衛（BMD）システムの開発配備を進めている。しかしBMDシステムは極めて高価なシステムであり、これは米国および同盟国側がコスト賦課戦略をこうむっている例として挙げられることが多い。

ただ一つ大きな留意点がある。戦略を、ネットアセスメント的に相互作用プロセスとして考えると、相手の打ち手に対応してこちらも打ち手を変えていくことになるが、打ち手を変える範囲に限界があることも事実である。たとえば、冷戦終結以降、地域的な有事に対して、米国は兵力を緊急展開させて対応してきた。これに対し、ネットアセスメントの専門家は、米国に対して挑戦しようとする国は、今後、米国の兵力の緊急展開を妨害するような能力を重点的に整備していくであろうと警告した。(14) 米国が地域的な有事で戦うための兵力を全世界から集中させる段階で、弾道ミサイル、巡航ミサイル、潜水艦などによる攻撃を行なって、それらの展開を阻止するであろうと予測したのである。これは現在では、接近阻止・領域拒否（anti-access/area denial：A2/AD）能力といわれる。

そこでネットアセスメントの専門家は、米国が打つべき新たな打ち手として、従来型の緊急展開ではなく、航続距離の長い無人機を中心とした兵力態勢に移行すべきであると主張した。これを論拠に、1990年代後半、当時、統合攻撃機（Joint Strike Fighter）と呼ばれていたF‐35の開発が厳しく批判されることになる。[15] F‐35は、冷戦期のヨーロッパで戦うことを念頭に基本仕様が決められているため、21世紀のアジア太平洋地域で戦うには航続距離もペイロードも不足しており、早期に開発を中止して無人機開発にシフトすべきとの考えが示されたのである。しかし、この新たな打ち手は現実化しなかった。それは、F‐35が同盟国も参加するプロジェクトだったため、米国だけで打ち切りを決めることができなかったこと、また米空軍の中に、パイロットを中心として無人機へのシフトに対する強固な反対勢力が存在しているからである。

このように、ネットアセスメント的な発想に立ったとしても、最適なかたちで自らの打ち手を修正できるとは限らないこともまた現実である。

新たな環境への適応──戦略を修正していくことの難しさ

戦略は、何らかの環境の上で策定され、実行される。つまり、競争的な他のプレイヤーだけでなく、自らを含むプレイヤーが戦略を実行している環境がどのようなものかを正確に把握する必要がある。

業界や市場によって環境が大きく違ってくることから、この点については経営戦略の分野で議論が進んでいる。[16] たとえば、マイケル・ポーターが提唱した「競争戦略」も、まず最初に業界の構造を分析する必要があることを強調している。[17] イノベーションについて研究しているクレイトン・クリステンセンは、イノベーションを進めるうえでは「意図的戦略」と「創発的戦略」があるとして、市場の成長、セグメントのサイズ、顧客のニーズ、競争相手の長所と短所についてデータがそろっているならば、意図的戦略が適しているが、日々状況が変化し、優先順位を絶えず変えていかなければならない環境では創発的戦略が適していると指摘している。[18]

こうした、市場構造や業界の特徴による環境の相違は、安全保障においてはそれほど顕在化しない。たとえばリアリズム的な世界観に立つならば、中央権威が存在しない世界において、それぞれの国はパワーをめぐって競争することになる。[19] この基本的な環境は、中国やアメリカだろうと日本であろうと変わらない。むしろ、安全保障における戦略において考慮すべき環境要因は、パワーバランスや脅威認識が時間軸や突発的なショックによって変化することがあることであろう。

パワーバランスの変化の最も顕著な例としては冷戦の終結を挙げることができる。冷戦期の世界は、対立的な関係にあり、人類を絶滅させてもさらに余るほどの核戦力を突きつけ合った米ソの二大超大国による二極体制のもとにあった。しかし、１９８０年代後半にさしかかった頃、ゴルバチョフ書記長の就任を契機にソ連は対外政策を対米協調路線に切り替え、対立が急速に緩和した。２０１９年８月に失効したＩＮＦ（中距離核戦力）条約はその産物である。さらに１９９１年にはソ連そのものが崩壊し、冷戦構造が消滅し、核戦争による人類絶滅の脅威は去った。その結果、米国の一極優位の国際構造が形成され、米国を含む主要国すべてが、冷戦期とはまったく異なる戦略を持たなければならなくなった。これは戦略を考えるうえでの前提条件そのものの大きな変化であった。

冷戦終結にともなう戦略環境の変化に関連して、20世紀末に議論を呼んだ論考として、マンデルバウムの「大戦争は時代遅れになったか？」という論文がある。[20] これは、ポスト冷戦期の国際環境においては、もはや大国が国際秩序をめぐって戦うような戦争は起こらなくなったとして、戦略的発想を冷戦期とは大きく変える必要性を主張したものである。これは、当時の時代感覚から言えば、それほど珍しい議論ではなかった。[21] 実際、1990年代後半には、対立が基調であった冷戦期とは異なり、「協調的安全保障」が広く議論されるようになっていた。[22] しかし、それから20年を経て、世界の戦略環境は再び大きく変わった。後述する9・11同時多発テロ事件の影響も受け、一時期は「唯一の超大国」として繁栄を謳歌した米国の国力が消耗したことと、中国の急速な経済成長と軍事力の近代化により、「大国間の競争」、特に米中の戦略的な競争が重要な戦略上の課題となってきたのである。マンデルバウム自身、特に中国の行動を予測できなかったことを自己批判的に述べる論考を発表している。[23]

戦略環境の変化としては、突発的なショック・イベントによるものもある。その典型的な例が、9・11事件、すなわち、2001年9月11日に起きたニューヨークとワシントンをターゲットとした大規模なテロによるものである。ハイジャックされた旅客機が超高層ビルやペンタゴンに突入する衝撃的なテロの結果、米国は対テロ戦争を安全保障戦略の最重要目標として設定した。そのためには当時、将来の競争相手として警戒していた中国との協力も進めた。ただし、当時米国が実際に遂行した安全保障戦略を細かく見ると、この環境変化への米国の対応は実際には限定的なものであったともいえる。確かに、2002年版の国家安全保障戦略では、対テロ戦争を重視するとされたし、実際にテロ組織への資金の流れを遮断するための努力や国際協力は徹底的に進められた。(24)しかし、実際の当時の米国の国防費は、対テロ戦争というよりも大国間戦争を重視した能力を優先した構成となっていた。

このことをはっきりと批判したのが、ブッシュ政権の後半からオバマ政権の前半にかけて国防長官を務めたロバート・ゲイツである。彼は、イラクの反体制派がテロ攻撃に使用している即製爆弾に対する防御力が高い装甲車両であるＭＲＡＰへのリソース配分が不十分な一方で、対テロ戦争にはほとんど使用できない最新鋭のステルス戦闘機であるＦ‐22の生産に多額の国防費が投入されていることを厳しく批判した。その結果、ゲイツは、オバマ政権期にＭＲＡＰの予算を増大する一方、Ｆ‐22の生産を打ち切る決定を行なうことになる。(25)しかしながら、全般的に見て、大国間戦争を重視した予算配分は変わらなかった。(26)つまり、戦略の修正にともなうリソース配分の優先順位の修正は十分には行なわれなかったのである。

ただし、２０２０年前後に顕在化した米中の大国間競争においては、ステルス戦闘機は重要な役割を果たす戦力要素と改めて認識されるようになった。そのため、対テロ戦争を重視したゲイツが２００９年にＦ‐22の生産を中止したことは、長期的に見れば誤りであったと評価せざるをえない。このことは、戦略を修正していくことの難しさを表している。

この一連の事例は、国際環境は不変ではなく、20年程度の期間で大きく変化する可能性があることを表している。では、戦略はそうした変化をも織り込んで作り上げるべきであろうか。この点は難しい問題だが、筆者は「否」だと考えている。大きな環境変化が起こる可能性を織り込むと、それは「失敗する可能性」のない戦略となってしまう。そうなると、リソース配分に優先順位を付けて目的を達成するのに必要な明確さが欠けてしまい、現在抱えている課題を解決するのに有効に寄与しない曖昧な戦略になってしまう。

そう考えると、あくまで戦略は、その段階の環境を前提として、目的追求のための明確さを重視して策定すべきであるといえる。冷戦終結のような、その戦略の有効性そのものを覆すような環境変化が起こった場合には、戦略そのものを見直し、新たな環境における明確さを重視して新たな戦略を作り上げていくという割り切りが必要であろう。

本章では、戦略を成功させていくための五つの課題について検討した。

戦略とは危機において必要とされる。2020年代初頭の現在、冷戦終結直後の協調的な国際環境はほぼ消滅し、「大国間の競争」が復活した。その焦点は、急速な経済成長と軍事力の強化を背景に、高圧的、一方的な態度をとる中国である。中国の隣国であり、その圧力を大きく受けている日本は、まさに戦略を必要とする危機的状況にある。

ここまで、安全保障に限らず、経営戦略を含めて戦略論を分析してきた。それは、両分野には多くの論点が共通しているからである。次章からは、安全保障に絞り、日本がとるべき戦略について議論を進めていく。

（１）Rumelt, *Good Strategy / Bad Strategy*, location 784-1258.
（２）John Lewis Gaddis, *Strategies of Containment: A Critical Appraisal of Post War American National Security Policy*, (Oxford University Press, 1982).
（３）Daniel W. Drezner, Ronald R. Krebs, and Randall Schweller, "The End of Grand Strategy," *Foreign Affairs*, kindle edition, Vol.99, No.3 (May/June 2020).
（４）The White House, "National Security Strategy of the United States," (September 2002), https://2009-2017.state.gov/documents/organization/63562.pdf.
（５）Rumelt, *Good Strategy / Bad Strategy*, location 784.
（６）カール・R・ポパー（大内義一、森博訳）『科学的発見の論理』(上)(下)（恒星社厚生閣、１９７１年）。
（７）ローゼンバーグ『科学哲学：なぜ科学が哲学の問題になるのか』（春秋社、２０１１年）２４０頁。
（８）特に、科学哲学の中では、反証そのものが実際には容易ではないことが指摘される。これ自体は興味深い議論ではあるが、本章の論旨からは外れるのでここでは詳述しない。ジェームズ・ロバート・ブラウン『なぜ科学を語ってすれ違うのか：ソーカル事件を超えて』（みすず書房、２０１０年）１０３-１１１頁、ローゼンバーグ『科学哲学』２３７-２４６頁、イムレ・ラカトシュ（村上陽一郎、井山弘幸、小林傳司、横山輝雄訳）『方法の擁護：科学的研究プログラムの方法論』（新曜社、１９８６年）１４-１４９頁。
（９）ラカトシュ『方法の擁護』。
（１０）Eliot Cohen, *Supreme Command: Soldiers, Statesmen and Leadership in Wartime*, (Free Press, 2002).
（１１）Clayton M. Christensen and Michael E. Raynor, *The Innovator's Solution: Creating and Sustaining Successful Growth*, kindle

edition, (Harvard Business School; Publishing Corporation, 2003) location 4799-4875.
(１２) Thomas G. Mahnken, ed., *Net Assessment and Military Strategy: Retrospective and Prospective Essays,* (Cambria Press, 2020).
(１３) Thomas G. Mahnken, ed., *Competitive Strategies for the 21st Century: Theory, History, and Practice,* (Stanford University Press, 2012).
(１４) National Defense Panel, "Transforming Defense: National Security in the 21st Century," (December 1997), マイケル・G・ヴィッカーズ（高橋杉雄訳）「ＲＭＡ（軍事上の革命）の胎動」『新防衛論集』第26巻、第1号（１９９８年6月）71–97頁など。
(１５) Eliot A. Cohen, "Defending America in the 21st Century, " *Foreign Affairs,* Vol.79, No.6, (November/December 2000), P.48.
(１６) 楠木建『ストーリーとしての競争戦略』（東洋経済新報社、２０１０年）。
(１７) ポーター『新訂 競争の戦略』17–54頁。
(１８) Clayton M. Christensen and Michael E. Raynor, *The Innovator's Solution,* location 3822-4205.
(１９) リアリズムの代表的な論考としては、Kenneth N. Waltz, *Theory of International Politics,* (McGrow-Hill, 1979), John J. Mearsheimer, *The Tragedy of Great Power Politics,* (W.W. Norton and Company, 2001)がある。
(２０) Michael Mandelbaum, "Is Major War Obsolete?," *Survival,* Vol.40, No.4 (Winter 1998-99), pp.20-38.
(２１) 鴨武彦『国際安全保障の構想』（岩波書店、１９９０）、G. John Ikenberry, *After Victory: Institutions, Strategic Restraint, and the Rebuilding of Order after Major Wars,* (Princeton University Press, 2001).
(２２) Janne Nolan, ed., *Global Engagement: Cooperation and Security in the 21st Century,* (Brookings Institution, 1994); Dora Alves, *Cooperative Security in the Pacific Basin: The 1988 Pacific Symposium,* (National Defense University Press, 1990); Emanuel Adler and Michael Barnett, *Security Communities,* (Cambridge University Press, 1998); Helga Haftendorn, Robert Keohane, and Celeste A Wallander, eds., *Imperfect Unions: Security Institutions over Time and Space,* (Oxford University Press, 1999).
(２３) Michael Mandelbaum, "Is Major War Still Obsolete?," *Survival,* Vol.61, No.5 (October-November 2019), pp 65-71.
(２４) Robert Malley and Jon Finer, "The Long Shadow of 9/11: How Counterterrorism Warps U.S. Foreign Policy," *Foreign*

Affairs, Vol.97, No.4 (July/August 2018), pp.58-69.
（25）Robert M. Gates, *Duty: Memoirs of a Secretary at War*, (Alfred A. Knopf, 2014), pp.120-127, p.318.
（26）高橋杉雄「オバマ政権の国防政策：『ハード・チョイス』への挑戦」『国際安全保障』第37巻第1号２００９年６月）25‒46頁、高橋杉雄「財政緊縮下の米軍とアジア太平洋地域の抑止態勢」『国際安全保障』第41巻第3号（２０１３年12月）63‒79頁。

第3章　「大国間競争」時代の戦略上の課題

戦略は、目的・手段・方法の組み合わせである。このうち、戦略を組み立てるうえで、まず考えなければならないのは目的である。手段や方法は、目的を達成するために設定されるものであり、その逆ではない。とはいえ、抽象的なレベルであれば目的を設定することは難しくない。それは国家であれば国家の生存および繁栄であろうし、企業であれば利潤を生み出すことであろう。

しかし、戦略として設定される目的はそういった抽象的なレベルにとどまっていてはいけない。戦略とは形而上学的な知的興味のために作られるのではなく、実際に存在する問題を解決するためのものだからである。そのためには、目的・手段・方法は具体的に設定されなければならない。そして、目的が具体的でなければ、手段・方法も具体的にはなりえない。つまり、「生存」や「繁栄」が究極的に達成・維持したい状態であることは明らかであるとしても、それを現実化するためには状況に応じて具体的なかたちで目的を設定しなければならないということである。そのようなかたちで具体的に目的を設定できてはじめて、手段や方法も具体的に示すことができる。なによりも、「生存」や「繁栄」のような一般的かつ抽象的な目的を設定してしまうと、前章で論じたように「何が失敗か？」を定義することができなくなる。たとえば、1945年8月、日本は太平洋戦争に敗れ、無条件降伏したが、国家としての滅亡には至っていないし、その後の戦後復興で戦前以上の繁栄を手にしている。しかしこれをもって1941年に戦争を始めたときの戦略が「失敗ではなかった」と評価することはできないだろう。

では現代日本の安全保障戦略においてはどのように目的が設定されているのか。2013年に策定された日本初の「国家安全保障戦略」には、次の三つの国家安全保障の目標が提示されている。

第1の目標は、我が国の平和と安全を維持し、その存立を全うするために、必要な抑止力を強化し、我が国に直接脅威が及ぶことを防止するとともに、万が一脅威が及ぶ場合には、これを排除し、かつ被害を最小化することである。

第2の目標は、日米同盟の強化、域内外のパートナーとの信頼・協力関係の強化、実際的な安全保障協力の推進により、アジア太平洋地域の安全保障環境を改善し、我が国に対する直接的な脅威の発生を予防し、削減することである。

第3の目標は、不断の外交努力や更なる人的貢献により、普遍的価値やルールに基づく国際秩序の強化、紛争の解決に主導的な役割を果たし、グローバルな安全保障環境を改善し、平和で安定し、繁栄する国際社会を構築することである。

これは、「生存」や「繁栄」に比べれば具体性を持つ目的ではあるが、それでもかなり抽象的・普遍的なものと言わざるをえない。冷戦末期の1985年であっても、冷戦終結直後の1990年、あるいは9・11テロ事件が起こった2001年でも、これらは同じく日本の安全保障戦略の目的として設定することができるだろう。逆に言えば、2013年の安全保障環境に即したかたちで設定された目的とは言いがたい。これでは、2013年の安全保障に存在した課題に取り組むうえで、「失敗を定義する」のに十分な具体性を備えているとは言えない。ただし、国家安全保障戦略は公文書である以上、諸外国との関係にも考慮しなければならないため、その具体性には自ずと限界がある。たとえば、特定の国を名指しして「脅威」と呼ぶにはかなりの覚悟が必要となる。

また、国家として策定する国家安全保障戦略は、その国がどのような問題に直面しているかを幅広く列挙すること自体が重要な役割であり、抽象的・普遍的な記述にとどまらなければならない事情もある。また、第1章で述べたように、経営戦略における利益やシェアと異なり、安全保障戦略には本来的に客観的な評価基準が存在しないことを踏まえれば、戦略文書で示される課題自体が抽象的なものとなることも避けがたい。つまり、こうした国家レベルでの安全保障戦略は、目的と手段を優先順位を含めて規定し、目的達成のためのロードマップを示すものというよりも、国家として取り組まなければならない課題を示す政治的マニフェストとしての性格が強くならざるをえない。そのため、こうした文書は、取り組むべき課題の優先順位を示すというより、取り組むべき課題を網羅的に示し、何を課題として認識しているかを明らかにすることが大きな意義であると考えるべきであろう。

その意味では、第1章でも言及した、アイゼンハワー元米大統領の「プランは無意味だが、プランニングは極めて重要である」という言葉が非常に的確に当てはまる。こうした包括的な戦略文書の大きな役割は、そこに何が書かれているかということだけでなく、プランニングプロセスを通じて、何が取り組むべき課題かを政府内外の関係者が認識し、その課題に取り組むにあたってのフレームワークをそれら関係者が共有することなのである。そうであれば、ルメルトが米国の2002年版国家安全保障戦略を評した言葉を借りれば、「ウィッシュリスト」であることそれ自体は大きな問題ではなく、文書の策定プロセスを通じて何が「ウィッシュ」なのかを関係者が理解し、認識を共有していくことが求められていると考えることもできる。

しかしながら、戦略とは「優先順位の芸術」である。「ウィッシュリスト」で終わるのではなく、その時点で重視すべき問題を特定し、その問題に取り組むうえでの方針を目的・手段・方法の組み合わせとして示さなければ、直面している問題に対して適切な解決策とはならない。だとすれば、やはり戦略の目的は「ウィッシュリスト」にとどまってはならず、達成を目指すべき目的を「失敗を定義する」ことができるほど具体的な記述として示す必要がある。そうしたかたちで戦略を構築していくうえでは、現在どのような戦略環境に置かれているかを分析していく必要がある。そこで本章では、まず日本を取り巻く戦略環境を踏まえた戦略上の課題を明らかにする。

日本の戦略上の課題：パワーバランスの変化

失敗した米国の対中戦略

日本に限らず、現在の世界各国の最大の戦略上の課題は、中国の台頭による米国主導の世界秩序の動揺、すなわちパワーバランスの変化である。

第二次世界大戦後に荒廃したヨーロッパに代わり、超大国として米国が登場した。それに対してナチスドイツとの地上戦を戦ったソ連が対抗勢力となり、米ソ超大国の二極対立という冷戦構造が形成された。ソ連は、核戦力や陸上戦力において米国に匹敵ないし凌駕するほどの力を備えていたが、経済力に関しては、西側に自由経済体制を構築した米国と比べて明らかに劣っていた。冷戦期は米ソが巨大な核戦力を突き付け合い、人類滅亡の恐怖をもたらした時代であったが、最終的には1980年代後半にソ連が屈するかたちで冷戦は終結し、1991年にはソ連自体が消滅する。こうして冷戦の勝者となった米国は、1990年代に「唯一の超大国」としての地位を確立し、「単極の時代」(1)とも呼ばれるような米国主導型の世界秩序が形成された。この時点で、中国ではすでに鄧小平政権下の「改革開放」により爆発的に経済が成長しつつあり、米国にとっての次の戦略上の課題が中国であることはすでに認識されていた。しかし、まだ「対等な競争者（peer competitor）」になるとは予測されておらず、「責任ある大国」に導いていくことが重要だと考えられていた。[2] そこで、21世紀初頭に、「シェイプ・アンド・ヘッジ」と通称される米国の対中戦略が形成された。[3] これは、経済や外交を通じて、中国が「責任ある大国」になるよう「誘導」（＝シェイプ）するとともに、そうならない可能性に備えて抑止力を強化（＝ヘッジ）するというものだった。これはブッシュ政権で確立され、オバマ政権の前半においても継承された。[4]

日本も、2010年の防衛計画の大綱で「中国が国際社会において責任ある行動をとるよう、同盟国等とも協力して積極的な関与を行う」とし、2013年の国家安全保障戦略では「中国は、国際的な規範を共有・遵守するとともに、地域やグローバルな課題に対して、より積極的かつ協調的な役割を果たすことが期待されている」と記述している。このことからもわかるように、日本も基本的に米国と同様に、中国が「責任ある大国」になることを促していくという対中戦略を採っていた。

しかし、2010年前後に、状況が大きく変化してくる。2007年のいわゆるリーマンショックを引き金とした世界経済危機からいち早く立ち直った中国は、2010年には日本を抜いて世界第二位の経済大国となった。それと相前後して、尖閣諸島などの東シナ海や南シナ海における高圧的・独善的な行動や現状変更の試み、北朝鮮核・ミサイル問題についての消極的な態度や気候変動問題に関する非協力的な姿勢が目立つようになるのである。

こうしたことから、中国を「責任ある大国」に導いていくという戦略は失敗したと米国では認識されるようになった。そもそも「シェイプ・アンド・ヘッジ」戦略の重要な前提は、「中国が強大な国になる前に責任ある大国に変化させる」ことであった。しかし、中国が世界第二位の経済大国になった2010年前後に中国の高圧的・独善的な行動が顕在化したことから、「強大になる前に変化させる」ことには失敗したと考えざるをえないとする見方が広がったのである。そして、対中戦略は、「（変化する前に）強大になってしまった中国に向き合っていく」ためのものに変化していくことになる。

米国で具体的な変化が進んでいくのが第二次オバマ政権である。まず2012年に「国防戦略指針」を発表し、「アジア太平洋へのリバランス」の方針を打ち出した。それまでは、オバマ政権は当時進行中の戦争であったイラク・アフガニスタンを重視する方針を採っていたが、中国を重視するかたちで戦略を転換したのである。(5) そして2015年の「国家安全保障戦略」で厳しい対中戦略認識を示した。まず、全般的な米中関係認識として「中国との協力の規模は前例のないほどのものとなっているが、米国は中国の軍事的近代化に対して警戒し続け、それらを領土紛争の解決のための脅迫に用いることを拒否する」として、非常に強い調子で中国の軍事力近代化と周辺諸国に見せている態度を批判している。そのうえで対中政策の基本方針として、「米国は安定して、平和的で繁栄した中国の台頭を歓迎する。米国は、米中両国の国民の利益となり、地域と世界の安全保障と繁栄を増進させる中国との建設的な関係を構築することを追求する」とし、気候変動や経済成長、朝鮮半島の非核化において協力を追求していくことについて述べたうえで、「米中に競争は存在するが、対決が不可避であるとの考え方は拒否する。同時に、米中の競争について、米国は強者の立場から米中の競争を管理し、中国に対し、海洋安全保障や貿易、人権に至るまでのイシューについて、国際ルールや規範を支持することを求める」「米国は中国の軍事力近代化とアジアにおけるプレゼンスの拡大を、誤解や誤算のリスクを低減させ続けながら監視し続ける」といったかたちで、強い調子で対中関係の競争的な側面を記述しているのである。[6]

この方針をさらに推し進めたのがトランプ政権である。トランプ政権では、「シェイプ・アンド・ヘッジ」戦略の失敗を踏まえ、大国間競争が復活したとの世界観に基づく国家安全保障戦略を2017年12月に公表した。[7] この文書において特徴的なのは、冷戦後の米国の安全保障政策を厳しく自己批判していることである。まず、「1990年代以来、米国は多大な戦略的過剰安心を示してきた」「米国は自らの軍事的優位は保証されたもので、また民主主義による平和は不可避なものであると信じてきた」「米国は自由民主主義を拡大し、他国を包含していくことによって、国際関係の本質を根本的に変革することができ、平和的な協力が競争にとって代わると信じてきた」と、冷戦後の米国の外交・安全保障政策の基本的な前提を厳しく批判した。これは、民主主義の拡大によって平和をもたらすことができると考えていた民主党クリントン政権の「関与と拡大」戦略に対する批判であろう。

次いで、「米国は優れた軍事技術によって量的縮減を代替できると間違って信じていた」「米国は長距離攻撃によってあらゆる戦争を戦えるし、最小限の死傷者で迅速に勝利できると信じてきた」と、共和党ブッシュ政権においてラムズフェルド国防長官が進めた「トランスフォーメーション」にも批判を加えている。さらに、民主党オバマ政権期についても、「強制削減と相次ぐ予算決議に見られるような連邦予算プロセスの破たんが、脅威が増大していく時代における米国の軍事的優勢を腐食させてきた」と厳しく批判した。

そのうえで、このトランプ政権の国家安全保障戦略では、「大国間の競争が復活した」「中露は地域的にもグローバルにも影響力を再拡張し始めた」との世界観を示し、米国が直面する挑戦として、現状打破勢力（リビジョニスト）である中国・ロシア、ならず者国家であるイラン・北朝鮮、トランスナショナルな脅威としてのイスラム過激主義の三つを挙げたのである。

さらに、中国については、「中国は米国をインド太平洋地域から追い出そうとしている」と極めて強い警戒感を示し、また「米国は過去20年間の政策を再考しなければならない。その政策とは、ライバルと関与し、彼らを国際機構とグローバルな経済に包含していけば、彼らは穏やかで信頼に足るパートナーに変化するという前提に立脚したものである。ほとんどの部分において、これらの前提は誤っていることは明らかになった」と述べ、クリントン政権以来の米国の「シェイプ・アンド・ヘッジ」政策を厳しく批判した。それと同時に、オバマ政権の戦略文書においては必ず用いられていた、「米国は安定して、平和的で繁栄した中国の台頭を歓迎する」というような、条件付きであれ中国の台頭をポジティブに捉える文言が一切姿を消している。

このことから、トランプ政権として、これまでの「シェイプ・アンド・ヘッジ」のうち、特に関与を通じた「シェイプ」について失敗したと総括し、より競争的な対中政策を展開していく方向性を示したものと結論づけられる。ここにおいて、米国は対中戦略としての「シェイプ・アンド・ヘッジ」を明確に放棄したといえる。そして後を継いだバイデン政権も、2021年2月に公表した暫定国家安全保障ガイダンスで、中国との戦略的競争が展開しているとの認識に立つことを明らかにし[8]、国家安全保障戦略においてもその方針を堅持することを示したのである[9]。

民主主義のオルタナティブモデルとしての中国

米国の政治学者であるフランシス・フクヤマは、民主主義と自由経済が勝利するかたちで冷戦が終結したことを「歴史の終わり」と評した。(10) それは民主政治が勝利したことで、人類の社会制度の発展が終わるという意味においてであった。このフクヤマの「歴史の終わり」というテーゼはそれ自体極めて論争的なものであったが、冷戦終結直後の知的トレンドの一つの表れであったことは間違いない。第2章でも言及したように、世界の中で民主化が進展していくという見方や、国際政治の基調が対立から協調へと変化していくという主張はこの時期には珍しいものではなかったのである。

「シェイプ・アンド・ヘッジ」戦略も、その暗黙の目標には中国の民主化を含めていた。より正確に言えば、民主化を促進することによって、「責任ある大国」へと促すことができるという考え方であった。実際、ブッシュ政権初期の2002年に公表された国家安全保障戦略には、中国について、「民主的発展は中国の未来のために極めて重要である」「社会的・政治的自由のみが中国の偉大さの源となることに中国は気づくであろう」といった記述がある。(11)

しかし、そうした期待は実現しなかった。中国が権威主義体制のまま、米国に対抗する大国として台頭してきたことは、冷戦後に西側世界で共有されていた民主化の進展についての楽観主義を打ち砕くものでもあった。中国は、民主化を進展させることなく経済成長を達成したことで、民主化のみが経済成長をもたらすことができるという西側の価値観に基づく成長モデルに対するオルタナティブ（代替）モデルでもある。

民主主義に代わるオルタナティブモデルということでいえば、冷戦期のソ連も同じであった。しかし、市場経済ではなく統制経済の道を選んだソ連は経済停滞に悩まされ、米国を中心とする西側と経済力や技術力で決定的な差をつけられることになる。現在の中国がソ連と大きく違うのは、鄧小平政権下で「改革開放」として進められた市場経済の段階的な導入の中で爆発的な経済成長を遂げたことを背景に、軍事力の急激な近代化や科学技術の急速な発展を実現し、米国主導型の世界秩序に対してパワーバランスの変化を引き起こし、米国の一極優位の時代を終焉させつつあることとである。つまり、中国は、冷戦後に形成された国際システムの現状に対する価値とパワーの両面からの「二重の挑戦者」となっているのである。

このようなかたちで、中国が既存の国際秩序に対して挑戦的な性格を持ちながら台頭した。それに対し、米国は、トランプ政権において「大国間の競争」が復活したとの世界観を示し、バイデン政権も「米中の戦略競争」が長期にわたり続いていくとして、そこに立ち向かう姿勢をはっきりと示している。その結果、「大国間競争」の時代が到来したのである。

日本もまた、中国をめぐる競争の当事者である。米中が競争の中心で、日本はそれを傍観するという立場ではない。日本が直接の当事者である尖閣諸島をめぐる日中の対立は、米国の「シェイプ・アンド・ヘッジ」戦略が失敗していく大きな理由となった。日本自身が関わる問題が、米中が競争的な関係に進む一つの理由になっている以上は、中国との競争においては日本自身も当事者なのである。

中国は単に米国に挑戦しうる大国となったというだけでなく、日本の隣にある大国であり、日本とは歴史的にも社会的にも関わりが深い。その中国との関係が競争的になってきている現在は、まさに日本にとって体系的な戦略を必要とする状況である。その中心的な命題は、大国としての中国に向かい合いながら、いかに現状を守るかということになる。中国との競争はどのようなかたちで進展しているのか、そして日本はどのようなかたちで当事者となっているのかについて次節で分析する。

社会システムをめぐる競争

民主主義と権威主義の競争

冷戦終結以来、中国の台頭が予測されるなか、米国と日本は「中国が強大な国になる前に責任ある大国に変化させる」ことを目標とした対中戦略を展開した。中国が責任ある大国になるよう促しつつ、そうならない可能性に備えて抑止力を強化する「シェイプ・アンド・ヘッジ」戦略がそれである。しかし、現実の中国は、米国や日本の基準からみた「責任ある」大国になる前に強大化してしまった。その結果、日本も米国も「強大な中国」を相手に戦略を見直さなければならなくなっている。

現在、米中関係において注目されているのは、台湾をめぐる軍事的緊張であるが、中国との大国間競争は軍事戦略のレベルにとどまらない。より大戦略に近い、社会システムのレベルでの競争も展開されている。米ソが巨大な核戦力で対峙した冷戦も、単に軍事戦略レベルの角逐《かくちく》というだけでなく、社会主義か資本主義かという体制選択の競争でもあった。そもそも社会主義は、産業革命によって成立した資本主義に対する文字通りのアンチテーゼとして生まれたものだった。

冷戦とは、産業革命によって形成された工業化社会において、市場原理を中心とするか、国家が経済活動を統制するかという社会システムのあり方をめぐる競争であったといえる。

冷戦はソ連が敗北するかたちで終結し、市場原理を中心とする社会システムが勝利した。それだけでなく、冷戦後に台頭した中国も、民主化はほとんど進めていないものの、「社会主義市場経済」の名の下で、事実上資本主義の経済モデルをベースに経済成長を遂げている。[12] その意味で、産業革命後の工業化社会の発展モデルの優劣についてはあらためて決着がついたといえる。

だが、政治モデルについては、冷戦の終結で優劣が明らかになったというわけではなかった。確かに、冷戦終結後、勝者となった西側諸国では、経済システムの基本原則である市場経済に加え、政治システムにおける民主主義もその優位が証明されたと考えられるようになった。フランシス・フクヤマの「歴史の終わり」の議論はその典型であるし、第2章でも触れたように、国際政治学におけるリベラリズムを中心とした冷戦後の国際システムの動向についての楽観的な見方の基礎には、民主主義の優位に対する確信があった。

しかし、冷戦終結後の中国の経済発展は、民主化の進展なしに実現した。つまり、中国は、民主主義に代わる経済発展モデルとしての国家主導型資本主義モデルの成功例を提示したのである。この国家主導型資本主義に対する懸念は、米国の国家情報会議が4年ごとに発表する「グローバル・トレンド」という将来シナリオに関するレポートで繰り返し言及された。[13]

経済発展の観点から見れば、冷戦の帰結によって資本主義の社会主義に対する優位は実証されたものの、民主主義の権威主義に対する優位を証明するには至らなかった。つまり、民主主義と権威主義の競争は、冷戦終結では決着がつかなかったのである。

デジタル・トランスフォーメーション（ＤＸ）をめぐる競争

現在、デジタル革命後の情報化社会のあり方をめぐる競争が展開しつつある。ビッグデータや人工知能（ＡＩ）技術を採り入れた社会変革を「デジタル・トランスフォーメーション（ＤＸ）」と呼ぶが、このＤＸの進め方をめぐる競争も熾烈である。

日米や西欧を中心とする民主主義国家の社会システムにおけるＤＸは、プライバシーや個人の選択の自由を重視している。グーグルやフェイスブックといった企業による個人情報把握の問題はあるものの、国家による社会の支配は忌避され、あくまで民主的価値に合致したかたちでのＤＸが追求されている。

それと対立するのが、デジタル権威主義体制と呼ぶべきものである。ＤＸを国民監視のメカニズムとして利用していくもので、中国を筆頭にロシアなどが続いている。もともと権威主義的性格が強い政治体制において、既存の国民監視の制度や組織に情報技術を組み込んでいくかたちで進んでいくことが多いとされる。[14]

冷戦の終結プロセスにおいては、「情報の流れ」が大きな役割を果たした。西側の豊かな生活についての情報が東側に流れるようになり、東側市民が共産党支配体制への不満を著しく高めたことが東欧革命の原動力となった。そのため、冷戦後には、情報革命が民主化を進めるという議論さえも生まれた。[15]

しかし、現実には情報技術は民主化の促進にはつながらなかった。中国は海外へのインターネットアクセスを厳しく制御し、情報の流れを制限する一方で、百度（バイドゥ）や微信（ウィーチャット）など、国内で独自のSNSを発達させることで、国内ユーザーたちがフェイスブックなどの欧米のSNSと接続しなくてもすむようなインターネット生態系を築き、決済システムや個人のクレジットスコアのシステムを構築した。このようなかたちで社会実装された情報技術は、冷戦終結直後に期待されていたような民主化を促進するものにはならず、むしろ国民に対する効率的・効果的な監視を強化するかたちになり、共産党を中心とする権威主義体制を強化する方向で作用した。ジョージ・オーウェルが『１９８４年』で描いたような、権力による国民監視が強化されたディストピア（反理想郷）的な未来が現実化した「デジタル権威主義体制」が形成されるようになったのである。

特に、中国自身が経済発展に成功したことで、デジタル権威主義体制は、民主的価値を重視したDXの延長線にある社会システムに代わる社会システムとして出現しつつある。デジタル権威主義からいえば、民主的価値を重視したDXは非効率なものと見なされるだろう。民主的な社会から見れば、デジタル権威主義体制はディストピアだが、経済や統治における効率性の観点からは民主的価値を重視したDXこそディストピアだという見方をされるかもしれない。こういった意味で、現在の大国間競争は、単純にパワーバランスをめぐる競争というだけでなく、DX社会をどのようなかたちにしていくかという、異なる価値観の競争にもなっているのである。

人類史的に見れば、冷戦は産業革命後の工業化社会における社会システムをめぐる競争でもあった。それと似たような意味で、DXの方向性をめぐって現在展開している競争は、単に米国と中国の競争にとどまるものではなく、民主主義と権威主義という異なる政治モデル同士の競争と絡み合いながら、情報革命後の情報化社会における「人間の生き方」をめぐる競争として展開していると捉えるべきであろう。

ここで重要になるのが、中国が民主化することなく経済成長に成功したことである。冷戦において西側は、経済的成功を同時に収めたため、民主主義と経済的成功とを等価に捉えることができた。しかし、中国が権威主義体制のまま経済成長を遂げたことで、民主化と経済的成功を結びつけることができなくなった。さらに、中国は経済成長にともなって科学技術の水準も高めてきており、日米欧が長い間享受してきた科学技術における優位も崩れつつある。最近では携帯電話の5Gネットワークがその典型である。(16) 5G携帯通信ネットワークそれ自体は、ハードウェアとしてみればデジタル権威主義体制に結びつくものではないが、中国に情報が漏洩するのではないかといった、情報管理に関する問題については重大な疑問が呈されている。一方、日米欧の5G携帯通信ネットワークインフラのシステムは、中国の華為技術（ファーウェイ）が開発したシステムによりグローバルなマーケットで劣勢に立たされている。これは単に中国の保護主義の産物というだけではなく、市場原理における劣勢であるから深刻な問題といえる。

民主的価値を重視したDXとデジタル権威主義体制下のDXの競争において、科学技術における優位の喪失は重大な問題となる。そして、このことがまさに大戦略レベルでの大きな地殻変動を引き起こしつつあるのである。

新たな「パワーセンター」をめぐる争い

冷戦初期に「封じ込め戦略」を提唱したとされるジョージ・ケナンの戦略論の中心は、「パワーセンター」であった。パワーセンターとは、近代戦を有利に戦える工業力を有する地域を指し、ケナンは世界にはウラル（ロシア）、ルール（ドイツ）、イギリス、米国、日本の五つの「パワーセンター」があると考えた。「封じ込め戦略」のポイントは、米国はこのうち四つのパワーセンターをすでに押さえているのだから、米国は共産主義の拡大を封じ込めて、パワーセンターの四つを維持し続ければ、最終的にはソ連に勝利できるということであった。実際に米国は、四つのパワーセンターを維持して冷戦に勝利したのである。

ここでいうパワーセンターとは、工業化時代の近代戦を戦うための能力であった。しかし、科学技術の進歩によって現在では様相は変わっている。たとえば、高度な半導体を組み込んだ兵器なしでは現代戦を有利に戦うことはできない。そうした高度な半導体を生産できるかどうかという点からパワーセンターを定義すれば、ロシアや西欧は外れてしまう。半導体の生産能力で見るなら、台湾、韓国、中国、日本、米国がパワーセンターとして位置づけられることになろう。ただし、半導体の生産工程は国際化が進んでおり、特に純度の高い素材などの上流部分は日本がかなりの部分を占めているものの、それぞれの自己完結性は低い。その意味でケナンが言ったような意味でのパワーセンターとは呼べないが、パワーセンターの分布が変わってきていることは明らかである。

新たなパワーセンターの形成において重要なのは、情報革命に加えて新興技術であろう。新興技術は、最近中国が猛烈な勢いで追い上げているとして関心が高まっており、米国は２０１８年に米国輸出管理改革法を制定し、バイオテクノロジーや人工知能・機械学習など14の技術分野を特定している。(17) これら新興技術の社会実装をいち早く進めた国が、現在進行中の大国間競争の時代における新たなパワーセンターを形成することになろう。おそらくそこでは、20世紀のパワーセンターであったロシアや西欧は振り落とされてしまう。また、半導体の生産能力だけは高い台湾や韓国も、新興技術全体となるとパワーセンターとしての地位を得るのは難しいだろう。

まさにその地位をめぐり、単に技術開発だけでなく、いわゆる経済安全保障と呼ばれる問題、つまり技術流出の阻止やサプライチェーンの再編成などの局面を含めて激しく争っているのが米国と中国で、日本も必死に追いつこうとしているのが現在の図式である。

新たな大国間競争の時代におけるパワーセンターが新興技術の社会実装によって形成されると考えるならば、それが米中二つに限られる場合、パワーセンターの数から見ると一対一になってしまう。情報革命後の社会システムをめぐる競争において、冷戦期と同様に民主的な価値を重視する国家がパワーセンターの数における優位を保とうとするならば、少なくとも日本はパワーセンターの地位にとどまらなければならない。このことは、現在の大国間競争における科学技術の重要性を表していると同時に、日本が大戦略上の目的を設定するうえで非常に重要な論点となる。

地政戦略面での競争

「一帯一路」構想の地政戦略的意味

現在展開している大国間競争のもう一つの側面が、伝統的な「勢力圏」をめぐる地政戦略的な競争である。この「勢力圏」とは、「地域覇権」とほぼ同義である。冷戦期においては、東側をソ連が勢力圏とし、西側を米国が勢力圏とした。そのうえで第三世界における勢力圏の拡大競争などが行なわれた。冷戦終結後は、米国を「唯一の超大国」とする米国主導型地域秩序が形成され、米国に対抗する大国の勢力圏は事実上消滅した。しかし、パワーバランスの変化にともない、中国やロシアが米国に対抗する勢力圏を新たに形成しようとしていることで、米国主導型世界秩序が崩壊し、大国間競争が復活した。その意味で、前述の社会システムをめぐる競争よりも、さらに顕著なかたちで勢力圏をめぐる競争が展開している。

中国の勢力圏を形成しようとする動きの中心とみられているのが、習近平政権が打ち出している「一帯一路」構想である。「一帯一路」構想は、陸上部分を「シルクロード経済ベルト」とし、海上部分を「21世紀の海上シルクロード」として東アジアとヨーロッパの連結性を強化するために、中央アジア、南アジア、東南アジアにおけるインフラ投資の強化が謳われた。そして「一帯一路」構想は、アフリカやラテンアメリカ、北極海を含むグローバルなかたちに拡大し、多くの地域諸国は中国のイニシアチブを受け入れたが、これらの国々の中には中国に対する経済的依存を高めるだけでなく、政治的影響も強く受け始めている国もあるとされる。「一帯一路」構想の背景には中国国内に、米国との直接対決を避けて、太平洋ではなくユーラシア大陸方面に勢力を伸張させるべきだという「西進論」があるとも分析されている。[18]

しかし、「一帯一路」構想の進展に比例して、米国は警戒感を強めた。[19] これが単にインフラ投資にとどまるだけではなく、中国の影響力拡大に結びついていくであろうこと、またデジタル権威主義体制を支える情報通信インフラの輸出を通じて、社会システムをめぐる競争にも大きな影響を与える可能性があると懸念されたのである。

古典的な地政学から見た「一帯一路」構想

この「一帯一路」構想は、古典的な地政学の枠組みからも分析が可能である。たとえば、ユーラシア大陸の重要性を主張した古典的な地政学の議論として、ハルフォード・マッキンダーのハートランド論を挙げることができる。[20]

ハートランドとは、東欧を中心とするユーラシア大陸の中心部である。マッキンダーは、鉄道の発達により、大陸内での輸送インフラが整備されるようになり、彼が「世界島」と名づけたユーラシア大陸の中央部を制圧することにより、いかなる海洋勢力にも妨害しえない覇権が成立すると論じた。「東欧を支配するものが、ハートランドを支配し、ハートランドを支配するものが世界島を支配し、世界島を支配するものが世界を支配する」というのがマッキンダーの有名な言葉として知られているが、「一帯一路」の中で「シルクロード経済ベルト」が目指しているものは、このマッキンダーの主張に近いといえる。

一方、マッキンダーに対抗する地政学の議論としては、ニコラス・スパイクマンのリムランド論がある。スパイクマンは、マッキンダーと異なり、ユーラシア大陸の中心部分ではなく、経済的・産業的に発展している国々が多い周縁部のほうが重要であると主張し、マッキンダーと対になる「リムランドを制するものはユーラシアを制し、ユーラシアを制するものは世界の命運を制

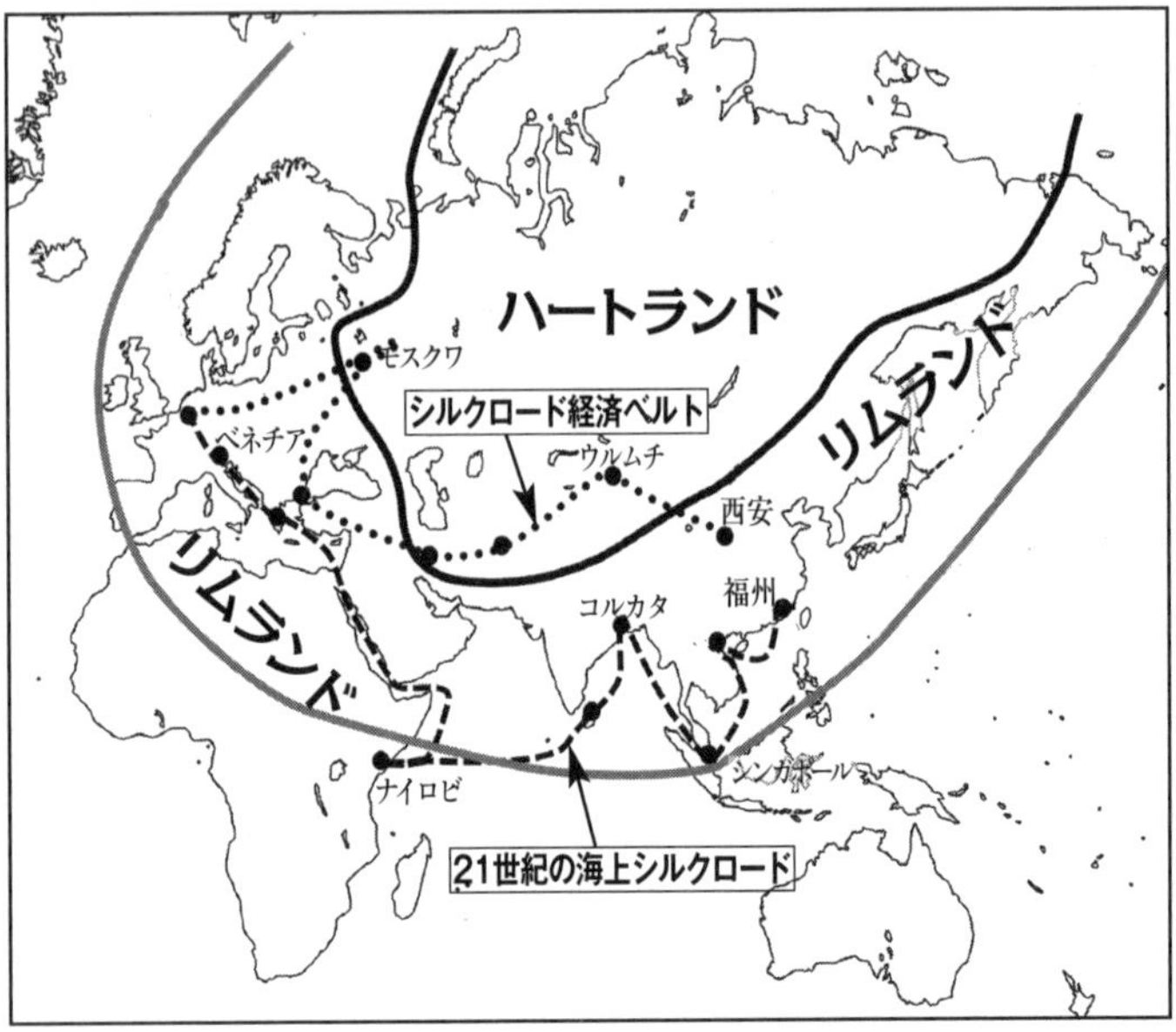

図3-1 地政学から見た「一帯一路」
（スパイクマン著『平和の地政学』を基に筆者作成）

する」という言葉を残している。[21] このリムランドの議論と、「一帯一路」の「21世紀の海上シルクロード」の議論とは重なり合う。

さらに、古典的な地政学の議論としては、アルフレッド・セイヤー・マハンのシーパワー論もある。マハンは海上貿易を重視し、さらに海上貿易を守るための海軍力と、海上貿易の基盤となる工業力とを組み合わせたシーパワー論を提示した。特にその中でも海軍力については、いくつもの正面に兵力を分割するのではなく、一つの拠点から複数の正面に兵力を展開できるような「中央位置」を占める根拠地を獲得することを強調した。(22) 現在に当てはめれば、シンガポールを拠点として維持できれば、東の南シナ海、西のインド洋に兵力を展開できることから、シンガポールは「中央位置」を占めると考えることができる。このような「中央位置」にある拠点を支配することで、必要なときに海洋を利用するための「制海権」が確保できる。「21世紀の海上シルクロード」によって中国の経済的影響を強く受ける港湾が増加していくことと、中国海軍のグローバルな展開が進んでいることを併せて考えると、「一帯一路」はマハンの制海権の議論とも関連性を持っている。

つまり、「一帯一路」からは、古典的地政学の主要な議論である、マッキンダーの「ハートランド」、スパイクマンの「リムランド」、マハンの「制海権」との関連性を明らかに見いだせる。このことは、中国が実際には東アジアにとどまらないグローバルな覇権を追求しているのではないかという懸念にもつながるが、同時に、オーバーストレッチ(過剰拡大)のリスクもともなう。なぜなら、これまで、「ハートランド」「リムランド」「制海権」のすべてを獲得できた覇権国は存在しないからである。

「ログローリング」のリスク

この点から参照すべき議論に、コロンビア大学のジャック・スナイダーが提唱した「ログローリング・モデル」がある。[23] スナイダーは、新興大国の拡大が成功するケースと、関係国の警戒心を高め、対抗的な同盟を形成させてしまって失敗するケースとにどのような違いがあるのかに着目して、19世紀のイギリスやドイツ、20世紀前半の日本、アメリカ、ソ連についてのケーススタディを行なった。その結果、19世紀のイギリスや20世紀のアメリカのような民主主義政体か、20世紀前半のソ連のスターリン体制のような完全な独裁体制の国であれば新興大国の拡大は成功するが、完全な民主主義でも、独裁体制でもない19世紀のドイツや日本のような、部分的に政治的多元化が進んだ国においては新興大国の拡大は失敗する可能性が高いと結論づけた。

かつてのドイツや日本のように部分的に政治的多元化が進んだ国では、国内に利益集団が形成され、それぞれが独自の政策選好を持つようになる。これらの利益集団は、独裁者によって支配されることもないし、民主的なコントロールを受けることもないので、それぞれの政策選好を調整することができない。そのため、最終的に、それぞれの対外政策選好の最大公約数として政策が決定され、関係国の警戒心を過度に刺激し、対抗同盟が形成され、拡大に失敗する。

たとえば日本の例を見てみよう。[24] 第二次世界大戦前の日本では、海軍、陸軍、財閥がそれぞれ別の対外政策選好を有していた。海軍は南方資源地帯を重視した南進論を採り、米国を仮想敵国とした。陸軍はソ連を脅威と見なし、北進論を採った。財閥は中国市場を重視し、満洲にとどまらず大陸への進出を支持した。当時の日本は、これらの利益集団の政策選好を一つにまとめることができず、利益集団同士が連合（ログロール）するかたちになり、これら三つの政策目標すべてを同時に追求することとなった。そのため、三正面の相手をすべて敵に回すことになり、最終的に太平洋戦争の敗北に至るのである。

同様の分析モデルは、中国にも当てはまる可能性がある。現在の中国は、習近平の執政下にあるが、スターリンや毛沢東時代のような意味での独裁体制にあるわけではなく、経済成長にともなって国内には共産党や軍、そして経済の各セクターを含む利益集団が形成されている。そして言うまでもなく、国会による民主的コントロールも存在しない。これはスナイダーの「ログローリング・モデル」が当てはまる環境にあると考えられる。つまり、中国の「一帯一路」構想が、「ハートランド」「リムランド」「制海権」を同時に追求するオーバーストレッチのような様相を呈していることの背景に、インフラ関連産業やエネルギーセクター、人民解放軍といった中国国内の利益集団の政策選好が調整されることなく、最小公倍数的に掛け合わされて現在の対外政策が展開されている可能性が指摘できるのである。そうだとすると、現在の中国の対外政策は、アメリカをはじめとするほかの大国とのパワーバランスを考慮して決められているのではなく、国内の利益集団の相互作用から決められている可能性がある。

これは軍事戦略レベルで抑止力を考えるうえでは大きな問題になる。なぜなら、国内政治を中心に対外政策を決めている国に対しては、外国との軍事バランスよりも内政事情を優先して政策決定を行なうため、抑止力を機能させるのが困難だからである。

地域レベルでの現状をめぐる競争：東シナ海、南シナ海、台湾

地政戦略面における大国間競争のもう一つの側面が、地域レベルでの現状をめぐる競争である。具体的には、中国は、東シナ海、南シナ海、台湾において圧力を強めて現状に挑戦しており、日本の安全保障に大きな影響を及ぼしつつある。

ただし、この三つの地域は、それぞれ問題の性格や潜在的な影響の程度が異なる。まず日本の安全保障に直接影響する東シナ海を見ると、東シナ海をめぐる問題は、尖閣諸島と、排他的経済水域（ＥＥＺ）の線引きをめぐる日本と中国の対立の二つがあるが、それぞれ基本的にグレーゾーンをめぐる問題である。グレーゾーンとは、領土や主権、経済権益などをめぐり、武力紛争には至らないような対立や紛争が生起している状況を指す。(25)

現在の東シナ海は、尖閣諸島周辺の日本領海および接続水域において海上保安庁の巡視船や中国海警の船舶が対峙しており、自衛隊および中国海軍のプレゼンスも常続的に展開している。そ

の意味で、完全に平時とは言いきれない状況であるが、同時に交戦がまったく行なわれていないという点で間違いなく有事ではない。こうした意味で、東シナ海の安全保障上の問題はグレーゾーンの事態であると考えられている。

同様にグレーゾーンの問題と考えられているのが南シナ海である。南シナ海では、スプラトリー諸島やパラセール諸島などに多くの島、岩礁、低潮高地が散在しているが、それらをめぐって関係国の主張が錯綜している。このうちいくつかにおいて、中国は埋め立てを進め、人工島嶼を形成した。それらの人工島嶼には滑走路や港湾が建設されており、軍事的な利用も可能な状態になっている。[26] これに対して、米国や日本は、中国の埋め立てを現状変更の試みとして批判し、特に米国は艦艇を頻繁に通航させるなど対抗措置をとっている。これも、純然たる平時とは言いがたいが、明らかに有事ではない状況であり、やはり平時と有事の中間的なグレーゾーンとなっている。

これらはともにグレーゾーンの事態という点で類似しているが、大きく異なる点もある。東シナ海においては、日本固有の領土である尖閣諸島に対して中国が現状変更を試みているが、日本は世界有数の沿岸警備隊である海上保安庁を保有し、また自衛隊も質量ともに一流の装備をそろえて高い能力を有している。そして日本は強大な軍事力を有する米国の条約上の同盟国であり、尖閣諸島はその米国の軍事プレゼンスが置かれている沖縄本島から500キロメートルほどしか離れていない。

一方、南シナ海においては日本も米国も直接の当事者ではない。関係国はフィリピン、ベトナム、インドネシアなど、中国と比べると沿岸警備隊においても軍事力においても大きく能力的に格差がある国々であり、また米国の条約上の同盟国ではない国も含まれる。さらに米国の軍事拠点から遠く離れている。

東シナ海は大国間競争の当事者として中国に対抗している二カ国が直接関わっているのに対し、南シナ海は中国以外の大国は直接の当事者ではないのである。その意味で、米国や日本にとっては、南シナ海の現状を維持するほうが難しい。しかし、南シナ海の当事国であるフィリピン、ベトナム、インドネシアなどが自らの主張を引き下げ、中国の現状変更を受け入れてしまうと地域の勢力分布は大きく変わる。現在の米中の勢力バランスの境界線はおおむね南シナ海にあると考えられるが、中国の影響力がフィリピンに及ぶことになると、境界線はグアム周辺まで後退する。

もう一つ、この地域には台湾海峡をめぐる問題がある。これはそもそも中国大陸を支配していた中華民国が、第二次世界大戦後に再燃した国共内戦に敗れ、台湾に逃れたことに端を発する冷戦の負の遺産である。1948年に成立して以来、中華人民共和国の至上命題は、この台湾を含めた統一を実現することであり、中華人民解放軍の近代化は、その戦略目標のために進められてきたといえる。中国にとって、台湾統一問題は中国共産党の存亡を左右しかねない問題であるため、本質的にグレーゾーンの事態である東シナ海や南シナ海とは問題の深刻さが根本的に異なる。この台湾問題は単なる大国間競争にとどまらず、実際に戦争になる可能性を内包している。そのため、台湾海峡有事を抑止するための軍事戦略は、東シナ海や南シナ海におけるそれとは必然的に異なるものとなる。

ポスト冷戦期の相対的に安定した国際秩序は終焉し、大国間競争の時代が到来した。ここではいま、デジタル権威主義体制と民主的価値を重視するDXとの間の、社会システムを選択する体制間競争と、勢力圏をめぐる地政戦略的な競争とが同時に展開している。

本書の目的は、現在の世界における日本の防衛戦略を考えることであるから、主たる関心は後者の地政戦略的な競争にある。これは非常に厳しい競争でもある。たとえば、仮に台湾海峡をめぐって戦端が開かれるようなことになれば、中国共産党にとっては「負けられない戦争」になる。負けてしまえば共産党の支配体制そのものが動揺する可能性が高いからである。一方、米国にとっても、世界の民主主義のリーダーとしての地位を守るために、やはり「負けられない戦争」になる。そのようなかたちで戦われる戦争は、必然的に大規模なものになり、場合によっては核兵器の使用さえ考慮されるものとなろう。その意味で、現在の東アジアは、世界で最も危険な地域になっていると言っても過言ではない。

　こうした状況においては、日本の大戦略と軍事戦略（防衛戦略）とは、地域の将来に大きく影響することになる。本章では、まず現在の戦略環境がどのようなものなのか分析したが、次章では、大国間競争における日本自身の立ち位置や、日本の大戦略の有り様について分析を進めていく。

（1）Charles Krauthammer, "The Unipolar Moment," *Washington Post*, (July 20, 1990), https://www.washingtonpost.com/archive/opinions/1990/07/20/the-unipolar-moment/62867add-2fe9-493f-a0c9-4bfba1ec23bd/.

（2）Department of Defense, "Quadrennial Defense Review Report," (February 2006), pp.27-31, https://history.defense.gov/Portals/70/Documents/quadrennial/QDR2006.pdf?ver=2014-06-25-111017-150; Robert B. Zoellick, "Whither China: From Membership to Responsibility?," Remarks to National Committee on U.S.-China Relations, (September 21, 2005), https://2001-2009.state.gov/s/d/former/zoellick/rem/53682.htm.

（3）防衛研究所『中国安全保障レポート２０１８：岐路に立つ米中関係』（防衛研究所、２０１８年）22–25頁。

（4）同右、25–28頁。

（5）高橋杉雄「米国の『リバランス』とアジア太平洋地域の安全保障」東京財団政策研究所（２０１２年11月14日）。https://www.tkfd.or.jp/research/detail.php?id=2273.

（6）President of the United States, "Natoinal Security Straegy," (February 2015), p.24, https://obamawhitehouse.archives.

gov/sites/default/files/docs/2015_national_security_strategy_2.pdf.
(7) The President of the United States, "National Security Strategy of the United States," (December 2017), https://trumpwhitehouse.archives.gov/wp-content/uploads/2017/12/NSS-Final-12-18-2017-0905.pdf.
(8) The President of the United States, "Interim National Security Strategic Guidance," (March 2021), https://www.whitehouse.gov/wp-content/uploads/2021/03/NSC-1v2.pdf.
(9) The White House, "National Security Strategy," (October 2022), https://www.whitehouse.gov/wp-content/uploads/2022/10/Biden-Harris-Administrations-National-Security-Strategy-10.2022.pdf.
(10) Francis Fukuyama, *The End of History and the Last Man,* kindle edeition, (Free Press, 1992).
(11) The President of the United States, "National Security Strategy of the United States of America," (September 2002), p.27, https://2009-2017.state.gov/documents/organization/63562.pdf.
(12) Bruce J. Dickson, *Red Capitalists in China: The Party, Private Entrepreneurs, and Prospects for Political Change,* (Cambridge University Press, 2003).
(13) National Intelligence Council, "Global Trends 2015: A Dialogue About the Future With Nongovernment Experts," (December 2000), https://www.dni.gov/index.php/gt2040-home/gt2040-media-and-downloads; National Intelligence Council, "Mapping the Global Future," Report of the National Intelligence Council's 2020 Project, (December 2004), https://www.dni.gov/files/documents/Global%20Trends_Mapping%20the%20Global%20Future%202020%20Project.pdf.
(14) Steven Feldstein, *The Rise of Digital Repression: How Technology is Reshaping Power, Politics, and Resistance,* (Oxford University Press, 2021).
(15) Joseph S. Nye, Jr. and William A. Owens, "America's Information Edge," *Foreign Affairs,* Vol.75, No.2 (March/April 1996), pp.20-36.
(16) Elsa B. Kania, Securing Our 5G Future: The Competitive Challenge and Consideration for U.S. Policy," (Center for New American Security, November 2019), https://s3.us-east-1.amazonaws.com/files.cnas.org/documents/Kania-Securing-Our-5G-Future-2.pdf.
(17) U.S. Code, Ch.58, Export Control Reform, (August 13, 2018), https://uscode.house.gov/view.xhtml?path=/prelim@

title50/chapter58&edition=prelim.

（１８）防衛研究所『中国安全保障レポート２０２０：ユーラシアに向かう中国』（防衛研究所、２０２０年）２頁。

（１９）Daniel Kliman and Abigail Grace, “Power Play: Addressing China’s Belt and Road Strategy,” (September 20, 2018), https://s3.us-east-1.amazonaws.com/files.cnas.org/documents/CNASReport-Power-Play-Addressing-Chinas-Belt-and-Road-Strategy.pdf.

（２０）Halford John Mackinder, *Democratic Ideals and Reality: The Geographical Pivot of History*, Kindle edition, (Singapore: Origami Books, 2018), Kindle edition.

（２１）Nicholas J. Spykman, *America’s Strategy in World Politics: The United States and the Balance of Power,*Kindle edition, (Rout ledge, 2017).

（２２）Alfred Thayer Mahan, *The Influence of Sea Power upon History 1660-1783,* Kindle edition, (Createspace Independent Publishing Plat form, 2018).

（２３）Jack L, Snyder, *Myths of Empire: Domestic Politics and International Ambition*, Kindle edition, (Cornell University Press, 1991).

（２４）Ibid., location 3072-4276.

（２５）「平成23年度以降に係る防衛計画の大綱について」（２０１３年12月17日）、https://www.kantei.go.jp/jp/kakugikettei/2010/1217boueitaikou.pdf.

（２６）南シナ海の現状については下記のウェブサイトを参照。Center for Strategic and International Studies, Asia Maritime Transparency Initiative, https://amti.csis.org/.

第4章　大国間競争時代の「日本の大戦略」

前章では、現在の国際システムにおける戦略上の課題を分析した。要約すれば、冷戦終結後の大国間関係の相対的な安定が終焉を迎え、米中の対決を主要な軸とし、日本も当事者として関わっている大国間の「戦略的競争」が展開しているのが現在の世界である。この戦略的競争には、社会システムをめぐる競争と、地域レベルでの現状をめぐる競争の二つの側面がある。そもそも戦略が必要となるのは、何らかのかたちで危機に直面していたり、解決すべき深刻な問題が存在しているときであるが、現在の日本はまさにそうした状況にあると言える。

では、日本はどのような戦略を持って、こうした競争が展開している国際環境に臨むべきだろうか。戦略とは、目的・方法・手段の組み合わせを示すものだが、使用可能なリソースに見合った目的でなければ、単なる夢想でしかなく、現実的な戦略とはなりえない。ギャディスが指摘したように、戦略とは「願望」と「能力」のバランスがとれてはじめて意味を持つ。そこで本章では、現在展開している大国間の戦略的競争の中での日本の立ち位置を検討したうえで、日本自身の「願望」としての戦略の目的はどのようなものか、そしてそれを具体的に支えるだけのリソースを日本が有しているかどうかについて検証する。

大国間競争における日本の「立ち位置」

日本はパワーセンターとしての地位を維持できるか？

現在、デジタル革命後の社会システムの有り様をめぐる競争と、地域的な地政戦略的な現状をめぐる競争の二つのレベルで大国間の戦略的競争が展開されている。このいずれの競争においても、日本は傍観者ではなく当事者である。そうである以上、日本の戦略を考える前提として、これらの競争における「立ち位置」をはっきりさせる必要がある。

まず、社会システムをめぐる競争を見てみよう。データ社会において、利便性と民主的価値は相反しうる。たとえば、中国のような「デジタル権威主義体制」と呼ばれる体制では、SNSへの投稿やGPS情報を含めた個人情報が国家によって管理されている。このように個人のプライバシーを無視したかたちでビッグデータを収集したほうが、効率的な社会運営が実現する可能性はある。

しかし、日本は、民主主義国家であり、また社会的にも個人の権利やプライバシーが極めて重視されている。そう考えれば、日本が目指すデジタル革命後の社会システムは、「デジタル権威主義」とは対極的な、民主的な価値を重視するものでしかありえない。もちろん、アメリカにおいても、フェイスブックやグーグルの個人情報管理は問題視されている。しかし、国家が個人の行動を把握し、時に抑圧するようなかたちにはなっていない。そう考えるならば、デジタル革命後の社会システムをめぐる競争における日本の立ち位置はアメリカに近いものになるのは必然であろう。その道を追求していくうえで、日本が持つ技術的ポテンシャルは大きな役割を果たすことができる。

国内におけるデジタル化への取り組みは長い間続いているが、マイナンバー制度を含め、現在のところその利便性が高いとは言いがたい。そのことの大きな要因は、まさにプライバシーの厳格な管理の必要性にあるが、同時に、省庁の縦割り組織や役所側の情報システムに関する専門的知見の不足も大きな問題であると指摘されている。[1] こうした問題に取り組むため、日本政府は2021年にデジタル庁を発足させたが、今後、民主的価値と効率性を両立させるかたちで情報技術を社会実装していくことができれば、日本は情報革命後の社会システムをめぐる競争に大きな役割を果たすことができる。

この、社会システムをめぐる競争における大きな課題は、民主的価値を共有している、アメリカと日本を含む西側同盟国とが技術的な優位を喪失しつつあることである。5Gの基地局をめぐる技術において、中国のファーウェイに市場で劣勢に立たされていることがその典型的な例である。[2] このまま西側諸国が技術的優位を失うことがあれば、民主国家群がこれからの大国間競争の中で優位に立つことはありえないであろう。

国際政治構造と技術的優位を組み合わせて考えるうえでの手がかりとなるのが、前章でも触れた「パワーセンター」の概念である。パワーセンターとは、近代戦を支える工業力を有する場所を指すが、冷戦期、米国を中心とする西側陣営は、当時五つ存在するとされたパワーセンターのうち四つを占めていた（97頁参照）。しかし、情報革命の進展により、パワーセンターの分布に変化が生じている。情報革命後は半導体生産能力や新興技術の実装能力がパワーセンターになるために必要となろう。その点で言えば、今や中国が新たなパワーセンターとなりつつある。米国もまたパワーセンターとしての地位を維持するだろう。一方で半導体生産能力を考慮すれば、ロシアや西欧がパワーセンターとしての地位を維持するのは難しいと見られる。この点、日本は辛うじてパワーセンターとしての地位を保ちうる可能性を維持している。

そう考えていくと、現在展開している大国間競争の、社会システムをめぐる競争において、日本の役割は極めて重要である。日本がパワーセンターの地位を保持できれば、民主国家群は少なくとも二つのパワーセンターを確保できることとなり、民主主義陣営側は「デジタル権威主義」を上回る数のパワーセンターを確保することができるからである。これは最近、経済安全保障と呼ばれる政策分野になるが、日本自身の取り組みの成否が、大国間競争の結果に大きく影響することになる。

米中対立と日中対立の違い

大国間の戦略的競争のもう一つの側面が、地域における地政戦略的な競争である。具体的には、台湾、東シナ海、南シナ海において、現状を維持しようとする地域諸国と、それを変更しようとする中国との間で展開している競争である。この競争において、日本はより直接的なプレイヤーとなっている。東シナ海においては、日本は尖閣諸島やＥＥＺの境界付近のガス田をめぐる中国との対立の当事者になっているし、台湾についても、仮に台湾海峡有事が発生した場合には、日本は日米同盟を通じてその帰趨に一定の影響力を持つ。南シナ海においても、日本は関係国への能力構築支援を行なっており、有事になった場合にも、やはり日米同盟を通じた何らかの関与を行なう可能性がある。そう考えると、日本の「立ち位置」もまた明確であり、日本自身が中国に対抗する当事者としての立場にある。

日本国内では、米中が大国間競争のメインプレイヤーであり、日本の立ち位置をより傍観者的に捉える見方もあるが、それは正しくない。そもそもオバマ政権以後、米中関係における競争的な色彩が濃くなっていくプロセスにおいて、日中の対立は大きな影響を及ぼした。尖閣諸島や南シナ海における中国の度重なる一方的で高圧的な振る舞いによって米国の対中政策は変化し、第二期オバマ政権のあたりから明確に競争的な政策を採るようになった。[3] このように、日本自身が、米国の対中戦略の変化に関わっている以上は、日本が大国間競争において傍観者的な立ち位置をとることはあり得ない。傍観者どころか、日本自身もプレイヤーとなっているのである。日本が戦略を考えるうえで、「自分自身は傍観者ではなく、当事者である」ことは、確認しておくべき重要な前提となる。

ただし同時に、米中の競争は、「覇権」という抽象的なものをめぐって展開されていることに日本は注意する必要がある。抽象的なものである以上、均衡点《きんこうてん》はどこかに存在しうる。たとえば、中国の勢力圏を認めるかたちでの均衡点を中国が提案したのが、オバマ政権期に中国側が提起した「新型の大国関係」であった。[4] これを米国が受け入れることはなかったが、米中の間で均衡点を設定することが論理的には可能であることは銘記すべきである。つまり、台湾の地位を現状維持できれば、米国の防衛はグアム以東に集中し、南シナ海を含むいわゆる第一列島線の西側については事実上中国の優位を容認するという選択も理論的にはありうるのである。一方、日本と中国の間には、尖閣諸島や東シナ海ガス田といった、「どちらかが取ったらどちらかが失う」ゼロサム的で具体的な争点をめぐる対立がある。このように直接的な対立要因を抱えていることからも、日本は、中国との大国間競争において、当事者としての「立ち位置」にあることは明白なのである。

二つの競争における日本の「目的」

ここまで見てきたように、二つのレベルで展開されている「大国間の競争」において、日本は傍観者ではなく、当事者である。日本の行動が競争の展開に大きな影響を与えるのと同時に、競争の帰趨は日本に大きく影響する。その具体的な「立ち位置」は、社会システムをめぐる競争においては民主的価値を重視するＤＸ（デジタル・トランスフォーメーション）を目指し、地政戦略的な競争においては現状維持を目指すものである。戦略においてはまず目的を設定することが重要であるから、ここでは仮に、社会システムのレベルでは、民主主義国家にとって「居心地のいい世界」を構築していくこと、地政戦略のレベルでは「現状を維持していく」ことを目的として設定する。この点において、日本と米国は立場を同じくしている。大国間競争において、日本と米国とは、文字通りの戦略的なパートナーといえる。

ただし、この段階では、仮に設定した二つの目的は、手段と方法の基準となる戦略上の「目的」というよりも、「願望」にすぎない。戦略というかたちにしていくには、次に使用可能なリソースと照らして実現可能性があるかどうかを検討しなければならない。「願望」と「能力」のバランスを検証してからでないと、意味のあるかたちで戦略上の目的として設定できるとは限らないからである。

そこで次にリソースについて検討する。なお、本書は日本の防衛戦略を主題とするから、今後の議論は、経済安全保障に関わる社会システムのレベルの競争ではなく、基本的には地政戦略のレベルでの競争において「現状を維持できるかどうか」に主要な関心をおいて進めていく。

日本の「能力」は地政戦略的な競争を支えられるか？

地政戦略的な現状維持を目指すうえで、重要な要素となるのは軍事バランスである。東シナ海でも、台湾でも、南シナ海でも、地政戦略上の現状を維持するには、防衛力が抑止力として機能することが必要となる。

防衛計画の大綱

ここでは、軍事バランスを分析する前に、まず日本の防衛戦略がどのようなかたちで形成されるかを概説しておきたい。日本の防衛戦略の基本的な考え方を示す文書が「防衛計画の大綱」（以下、防衛大綱）である。閣議決定文書である防衛大綱は、10年程度の将来を念頭において、情勢認識、防衛戦略の基本的な考え方、自衛隊の役割・任務、防衛力整備にあたって重視される能力を示し、さらに「別表」に、目指すべき基本的な兵力構成が記されている。最初の防衛大綱は冷戦期の１９７６年に策定された「昭和52年度以降に係る防衛計画の大綱」であるが、以後、１９９５年、２００４年、２０１０年、２０１３年、２０１８年に策定され、２０２２年12月には、「国家防衛戦略」と改称してそれまでの防衛大綱に相当する文書が策定された（以下、西暦での策定年度に合わせ「○○年防衛大綱」と表記する）。防衛大綱と並行して、中期防衛力整備計画（以下、中期防。２０２２年12月に「防衛力整備計画」に改称）が策定された。中期防は、時間軸を5年とする具体的な防衛力計画、いわば「ショッピングプラン」であり、防衛大綱を受けた防衛力整備の計画が中期防「別表」として示される。防衛大綱が10年程度の将来を念頭に置くとすれば、理論上は二つの中期防を経て、防衛大綱の別表で示される兵力水準が達成されることとなる[5]。

防衛力整備とは、戦闘機や艦艇のようなハードウェアを調達し、それを部隊として運用していくための組織を整えていくことである。その観点から見たとき、防衛大綱の最も重要な部分は、目標となる兵力構成を示す別表となる。これこそが防衛力の物理的な水準を示す指標となるからである。そして、文書としての防衛大綱の最大の役割は、この兵力構成がいかなる論理に基づいて必要かを説明することであると言える。これは、防衛大綱を別表から逆算的に読むとより明確になる。別表で示された兵力構成がいかなる論理に基づいて必要かを説明しているのが、２００４年防衛大綱以外のすべての防衛大綱において存在する「体制」についての項目である。たとえば、２０１３年防衛大綱では「別表」において潜水艦部隊を5個、それを構成する潜水艦を22隻整備するとされており、「体制」の項目には「水中における情報収集・警戒監視を平素から我が国周辺海域で広域にわたり実施するとともに、周辺海域の哨戒及び防衛を有効に行い得るよう、増強された潜水艦部隊を保持する」と記述されている。すなわち、「別表」と「体制」を合わせ読むことによって、情報収集・警戒監視や周辺海域での防衛作戦の実施などのために、海上自衛隊の潜水艦能力として5個潜水艦部隊22隻が必要ということが読み取れる。

このように、防衛大綱の役割は、別表において示される兵力構成が、どのような基本理念や戦略に基づいて導き出されているかを体系的に示すことである。この点について理解を深めていくうえで重要な鍵が「防衛力整備」と「運用」との区別である[6]。防衛力整備とは、端的に言えば将来に向けて自衛隊を「作る」ための作業である。将来の国際環境などいくつかの前提を置いたうえで、必要な防衛力を描き出し、現在の防衛力との差分を埋めていくために、予算を割り当てて装備品の調達や部隊の編成などを行なう。一方、運用とは、その時点で存在している自衛隊を「使う」ことである。防衛力整備が、将来と現在とを比較する時間軸の中で現有防衛力の「不足」を特定し、その「不足」を解消していくために行なわれるのに対し、運用では目の前で展開している事態に対処する際に使用可能な現有防衛力を効果的・効率的に活用することを考える。つまり、運用においては、現有防衛力を前提とするために、概念上防衛力の「不足」は存在しないのである。

第1章でも述べたことだが、このような違いがあることから、「防衛力整備のための防衛戦略」と「運用のための防衛戦略」とは大きく異なる。たとえば、「日米防衛協力の指針」に基づいて策定される計画など、一般的な語感でいう「作戦計画」は、「いまある防衛力」を前提として組み立てられるため、運用面における防衛戦略にあたる。一方、防衛力整備における防衛戦略とは、「現在不足している何か」を埋めていくための概念的な枠組みである。すなわち、防衛大綱で示される防衛戦略は、将来の防衛力の所要を示すためのものであり、現実の事態対処で用いられる作戦計画とは異なるのである。一方、運用面での防衛戦略にあたるいわゆる作戦計画は現有防衛力の使用のための計画であるので、将来の防衛力の所要を示すものではない。そのため、作戦計画から防衛力整備の目標を導き出すことはできない。

このように、防衛大綱が運用面での防衛戦略を示す文書ではなく、防衛力整備のための防衛戦略を示す文書であることを再確認するとき、防衛力整備の目標としての兵力構成を示す「別表」と、それを導き出す「体制」の記述が防衛大綱の中で持つ重要性も改めて明らかとなろう。なお現在では、防衛大綱のさらに「上流」にあたる文書として「国家安全保障戦略」が策定されており、これらを「戦略3文書」と総称するようになっている。

基盤的防衛力構想からの脱却へ

日本の防衛力整備において、長い間中心的な概念となってきたのが基盤的防衛力構想である。そもそもは防衛大綱として初めて策定された1976年防衛大綱で示されたものだが、冷戦終結後の1995年防衛大綱でも踏襲された。2004年防衛大綱では「多機能で弾力的な実効性のある防衛力」という概念を示しつつ、基盤的防衛力構想に関しては「有効な部分」に限り継承するとされた。さらに2010年防衛大綱では、基盤的防衛力構想に「よらずして」動的防衛力を構築するとされ、2013年防衛大綱では基盤的防衛力構想との関係に言及されることなく、統合機動防衛力を構築していくとの方針が示された。このように、基盤的防衛力構想から脱却することが、冷戦終結後の日本の防衛戦略における大きな課題であった[7]。

基盤的防衛力構想の詳細な内容は時代によって変化があるが、一貫しているのは、脅威との関係を切り離したうえで、「欠落のない防衛力」を整備すること（「脅威対抗論に立たない」といわれる）と、特に1995年防衛大綱より強調されるようになった「力の空白にならないこと」である。前者について、1976年版の防衛白書では、機能的な文脈と地理的な文脈の双方の側面において欠落がないとの観点から基盤的防衛力構想の性格が説明されている。機能的な文脈においては、「防空、海上防衛、陸上防衛のそれぞれの役割を果たすための各種の機能や情報、指揮通信等の機能、さらにそれらを支えるための各種の支援機能について欠けるところがあってはならない」[8]と述べられ、陸・海・空がひと通り、想定される侵略形態に対応した機能を持たなければならないとされた。一方、地理的な文脈においては、「こうした各種の機能は、国土やその周辺海空域のいずれの地域においても、侵略の当初から組織的な防衛行動を実施できるように、我が国の地勢の特性等に応じて整備され、組織されていること」[9]と述べられている。特に1995年防衛大綱において、基盤的防衛力構想は、この機能的な文脈と地理的な文脈の双方において「欠落のない防衛力」を整備していくことを主要な意味内容として示していくようになる。これは、周辺諸国の兵力水準とは無関係に防衛力の所要が決まると考える基盤的防衛力構想の中核的な概念であり、「均等配備」と後年言われるようになる基盤的防衛力構想の特徴は、この部分を指しているものである。

基盤的防衛力構想からの脱却の方向性を初めて示したのは、2004年防衛大綱である。これは、国際テロリズムや北朝鮮の核・ミサイル開発の進展といった安全保障環境の変化に対応しようとしたもので、「多機能・弾力的・実効性」をキーワードとする新たな防衛力の概念が提示され、基盤的防衛力構想については「有効な部分」のみを継承するとされた。2005年版防衛白書では、その「有効な部分」として、「我が国に対する軍事的脅威に直接対抗するものではないこと、我が国への侵略を未然に防止するため、引き続き、周辺諸国の軍備の動向といった我が国が置かれている戦略環境や地理的特性などを踏まえた防衛力を保持する」ことがあると述べられている。[10] ここでは、基盤的防衛力構想の中核的な概念といえる、脅威対抗論に立たないという部分については明示的に維持されている。また、地理的な文脈から見た「欠落のない防衛力」という要素についても、やはり２００５年版防衛白書において「即応性や高い機動性を備えた部隊を全国に適切に配置する」とされていることから、原則として維持されていたと考えられる。

他方、脱却された側面としては以下の二つの要素を挙げることができる。第一は、機能的な文脈における「欠落のない防衛力」である。２００４年防衛大綱では、国際平和協力活動やテロなどの「新たな脅威・多様な事態」に対処する能力が重視されることとなった。これは、それまでの基盤的防衛力構想で整備するとされた「欠落のない防衛力」には含まれていない。第二は、「力の空白」論からの脱却である。２００４年防衛大綱では、グローバルな安全保障へとより主体的・積極的に関与していくことがうたわれ、自衛隊の活動領域は、日本の防衛からグローバルな安全保障環境の安定化を含むかたちで広がった。そうしたことから、２００５年版防衛白書において、「力の空白となってわが国周辺地域における不安定要因とならないというわが国の防衛を中心とした基盤的防衛力構想の考え方のみに基づいてこうした防衛力を構築することは困難となった」との認識が明記された。[11]

続く2010年防衛大綱でも、本文ではっきりと「今後の防衛力については、防衛力の存在自体による抑止効果を重視した、従来の『基盤的防衛力構想』によることなく、各種事態に対し、より実効的な抑止と対処を可能とし、アジア太平洋地域の安全保障環境の一層の安定化とグローバルな安全保障環境の改善のための活動を能動的に行いえる動的なものにしていくことが必要である」と記述されたことからわかるように、基盤的防衛力構想からの脱却が進められる。ただし、基盤的防衛力構想との関係でいえば、「『基盤的防衛力構想』によることなく」という記述が、本当に基盤的防衛力構想からの脱却を意味するのかについては、さらに考察が必要となる。

2010年防衛大綱を受けた2011年防衛白書には、「『動的防衛力』に関するよくある質問」と題されたコラムがあるが、そこで、「『動的防衛力』の考え方は、いわゆる『脅威対抗』の考え方に立つのですか?」との質問が設定されており、回答として「東西冷戦時代のような敵味方の対峙構造を前提とし、わが国に対する軍事的脅威に直接対抗する、いわゆる『脅威対抗』の考え方（わが国に対し侵略を行うことのできる軍事能力のみに着目し、これをもって脅威とみなし、このような軍事的脅威に対応できる防衛力を整備する考え方）には立っていません」[12]との記述がある。このように、基盤的防衛力構想の重要な前提である、脅威対抗論に立たないという立場は引き続き維持されていた。

統合運用を踏まえた能力評価の実施

この意味で、基盤的防衛力構想からの脱却が完全に果たされるのは2013年防衛大綱である。2013年防衛大綱を受けた2014年防衛白書で、「各種事態などに統合運用により対応するとの基本的考え方を徹底したうえで、自衛隊全体の機能・能力に着目した能力評価を実施し、総合的な観点から特に重視すべき機能・能力を導き出したことに大きな意義がある」と記述されたように、統合運用に基づく能力評価を行なったことが2013年防衛大綱の大きな特色であるとされる。(13)

能力評価については、米国の能力ベースプランニングを日本的にアレンジしたものとの指摘もある。(14)能力ベースプランニングは、米国が2001年版QDR以降で取り入れた手法である。(15)これは米国のランド研究所で編み出されたもので、さまざまな事態についてのシナリオを多数作成し、定量分析を組み合わせて能力の評価を行なうものである。(16)ただし、これらのシナリオは、絞り込んだかたちで特定の脅威を想定するものではない。予測困難な安全保障環境において、米軍が十分な対処を行なうための機能や能力を有しているかを評価するため、可能性を幅広くとって作成されたシナリオ群である。(17)また、この手法では、分析を行なう時点における兵力を「与件《よけん》」として扱う。つまり、「なぜ」その兵力量が必要なのかについての「積み上げの論理」は問わない。そして、それらシナリオ群における定量的な評価を行ない、兵力の機能の不備や能力の不足が客観的に示される。そのうえで、機能的不備や能力的不足について、優先順位を明確化しながら防衛力整備を進めていく手法である。

２０１３年防衛大綱で行なわれた能力評価について、２０１４年版防衛白書では、「現在の安全保障環境において実効的な抑止力を構築するには、活動量だけでなく防衛力の『質』と『量』の十分な確保が必要である」としたうえで、統合運用を踏まえた能力評価を実施し、「総合的な観点から特に重視すべき機能・能力を導き出し、海上優勢および航空優勢の確実な維持に加え、機動展開能力の整備などを重視し、必要な防衛力の『質』と『量』を確保する」(18)と記述されている。この記述から、能力評価は重視すべき機能・能力を導き出すうえで不可欠な役割を果たしたと考えられる。具体的には、各種事態への対応について統合運用に基づく能力評価が行なわれ、その結果として必要と考えられる「質」と「量」が防衛力整備の優先事項として導き出されているものと読み取れる。そして、日本が行なった統合運用に基づく能力評価が、米国の能力ベースプランニングを日本的にアレンジしたものだとすれば、米国が多数のシナリオを作成して評価しているのと同様に、単一の大規模な有事を脅威として想定したものではなく、まさに各種事態に自衛隊が十分に対処するための機能や能力を有しているかについて幅広く評価するために行なわれたものであろう。

これは、特定の脅威を想定しているわけではないという意味において脅威対抗論という呼称は適当ではない。しかしながら、能力評価は具体的な各種事態へ対処するための所要を「質」と「量」によって示すものであるから、周辺諸国の兵力水準と一定の相関性を持ち得るものとなる。ここで目指される防衛力は、能力評価から直接的に所要が導き出されるものであるから、基盤的防衛力構想の対《つい》になる概念であった所要防衛力としての性格を持つものと評価すべきものであろう。[19] ここにおいて、周辺諸国の兵力水準とは無関係に防衛力の所要が決まると考える基盤的防衛力構想の中核的な概念から完全な脱却が果たされたと考えられる。

兵力構成に残る基盤的防衛力構想

ただし、それはあくまで「考え方」においてである。防衛大綱の別表で示される兵力構成を見ると、基盤的防衛力構想からの脱却は完全には果たされていないと評価せざるをえない。２０１８年の防衛大綱の別表を、冷戦終結後最初に策定された１９９５年の防衛大綱の別表と比べたものが次頁の表４‐１である。これを見ると、ほとんど変化していないことがわかる。

１９９５年防衛大綱別表の陸上自衛隊の編制定数16万人に対して２０１８年別表では１０００人少ない15万９千人、海上自衛隊の護衛艦は約50隻から54隻、航空自衛隊の戦闘機は約３００機から約２９０機である。唯一大きな変化は潜水艦が16隻から22隻に増加したことである。

部隊編成は変化しているようにも見えるが、２０１８年別表の陸上自衛隊の３個機動師団（機動運用部隊と位置づけられる）、５個師団（地域配備部隊と位置づけられる）は、１９９５年別表では８個師団だったものの一部を「機動師団」に改編したもので、師団数そのものは変化していない。同様に、２０１８年別表の４個機動旅団（機動運用部隊）および２個旅団（地域配備部隊）も、１９９５年別表では６個旅団だったものの一部を「機動旅団」に改編したことによるもので、旅団数そのものは変化していない。

海上自衛隊は、掃海部隊と護衛艦部隊を大きく改編しており、１９９５年別表で４個護衛隊群、７個地方隊、１個掃海隊群だったものが、護衛艦部隊４個群（８個隊）、護衛艦・掃海艦艇部隊２個群（13個隊）に変わっている。特に掃海部隊を改編し、掃海能力を持つ哨戒艦12隻を整備することにしたのが大きな変化だが、護衛艦の数はほとんど変わっていない。

航空自衛隊は、２０１８年別表で戦闘機飛行隊が13個となっている。１９９５年別表では、要

		1995年防衛大綱	2018年防衛大綱
共同の部隊		なし	サイバー防衛部隊 1個防衛隊 海上輸送部隊 1個輸送群
陸上自衛隊	編成定数	16万人	15万9千人
	基幹部隊	8個師団	3個機動師団 5個師団
		6個旅団	4個機動旅団 2個旅団
		1個機甲師団	1個機甲師団
		1個空挺団	1個空挺団
			1個水陸機動団
		1個ヘリコプター団	1個ヘリコプター団
海上自衛隊	主要装備	戦車約900両 主要特科装備約900門/両	主要装備としての記述なし
	基幹部隊	4個護衛隊群 7個地方隊 6個潜水艦部隊 1個掃海隊群 13個陸上哨戒機部隊	護衛艦部隊4個群（8個隊） 護衛艦・掃海艦艇部隊2個群（13個隊） 6個潜水艦部隊 9個飛行隊
	主要装備	護衛艦 約50隻 潜水艦 16隻 作戦用航空機 約170機	護衛艦 54隻 潜水艦 22隻 哨戒艦 12隻 約190機
航空自衛隊	基幹部隊	9個要撃戦闘機部隊 3個支援戦闘機部隊 1個航空偵察部隊	戦闘機部隊 13個飛行隊
	主要装備	3個航空輸送部隊 作戦航空機 約400機 うち戦闘機 約300機	3個航空輸送部隊 約370機 約290機

表4-1 1995年と2018年の防衛大綱「別表」の比較

撃戦闘機部隊9個に支援戦闘機部隊3個の合計12個であったから、1個飛行隊が増勢されている計算になるが、これは1995年別表にある航空偵察部隊を改編して戦闘機部隊にしたことによるもので、[20] 部隊数そのものを増やしたわけではない。

これからわかるように、1990年代と現在とでは安全保障環境が大きく変わっているにもかかわらず、日本の防衛力の兵力構成や主要装備品の数量は大きく変わっていないのである。なお、サイバー防衛部隊や島嶼防衛のための海上輸送部隊は1995年別表には存在しておらず、こうした点では安全保障環境の変化への対応が図られていることは付記しておく。

軍事バランス――日米中の比較

抑止力としての防衛力の有効性は相対的な関係で決まる。たとえば相手の航空戦力が微弱であれば、小型空母1隻でも大きな効果を持ちうるが、相手が大型空母10隻を擁していれば、小型空母1隻で状況を変えることはできない。その点から、抑止力の評価は相対的に行なわれなければならない。「軍事バランス」という言葉が存在するゆえんである。

日本の戦略的な課題は中国であるから、ここでは、中国の軍事力との相対的な比較を行なってみる。表4-2は、英国のシンクタンクである国際戦略研究所が発行している『ミリタリーバランス2022』に記された日中および米国の海空戦力を比較したものである。[21]

この表で明らかなように、中国との関係で日本は明らかな劣勢に立たされている。戦闘機で約四分の一、主要戦闘水上艦で6割弱、潜水艦で4割弱である。それどころか、単純に数を比べてみると、第5世代戦闘機を除けば、中国は米国に比べても7割から8割程度の戦力を保持してい

	日本	中国	米国
潜水艦	22	59（うちSSBN6）	67（うちSSBN14）
主要水上戦闘艦	49	86	124
第4世代戦闘機(22)	292	1213	1503
第5世代戦闘機(23)	25	50	485

表4-2 日中米の戦力比較

（*Military Balance 2022*より筆者作成）

ることがわかる。これは地域における軍事バランスを大きく変化させている。なぜなら、全体戦力を比べれば米軍のほうが勝るが、米軍はヨーロッパや中東を含め、世界中に展開しなければならず、インド太平洋地域には限定的な戦力しか展開させられない。たとえば在日米海軍は空母1隻を含む12隻にすぎない。

こうした状況を考えると、日本自身が努力して軍事バランスを改善していかなければ、地政戦略的な現状維持という目的を達成するのは難しいと言わざるをえない。軍事バランスを改善するには、防衛力の強化が不可欠である。そのためには防衛費を増額しなければならない。そこで次に防衛費を見てみよう。

防衛費──半減した日本のシェア(24)

2022年度の防衛費は約5兆1788億円である。2021年度の防衛予算が約5兆1235億円であったから、名目ベースで約1・1パーセントの伸びとなる。

よく知られているとおり、長い間、日本の防衛費はＧＤＰ（国内総生産）の1パーセントをやや下回る程度にとどまってきた。実額では5兆円程度にあたる。これは、１９７６年に三木内閣の閣議決定で「ＧＮＰ1パーセント枠」（これは「ＧＮＰ」の1パーセントであって「ＧＤＰ」の1パーセントではない）を定めたことに端を発するが、実際には「ＧＮＰ1パーセント枠」は１９８６年の中曽根内閣の閣議決定で撤廃されており、制度としてはすでに存在していない。

ただ同時に、防衛費は現実にはＧＤＰの1パーセントを超えたことはほとんどない。それは厳しい財政環境下で予算にシーリングが課せられ、増額が抑えられていたこと、また、１９８０年代末に冷戦が終結してしばらくの間は、安全保障環境が安定していて、そもそも防衛費を大きく増額する必要がなかったことによる。しかし、前述したように、安全保障環境の著しい悪化により、防衛費のあり方について根本的に考え直す必要が生じている。そのためには周辺諸国との比較や、国内における他の支出項目との比較が不可欠である。

図4・1は『ミリタリーバランス』のデータに基づき、東アジアの日本、中国、韓国、台湾の国防支出のシェアを、２０２１年と、20年前の２００１年とで比較したものである。

２００１年においては、東アジアの防衛支出の中で、日本は36パーセントを占めている。中国は日本を上回り45パーセントとなっている。日本との比率は1対1・25、すなわちほぼ互角であ

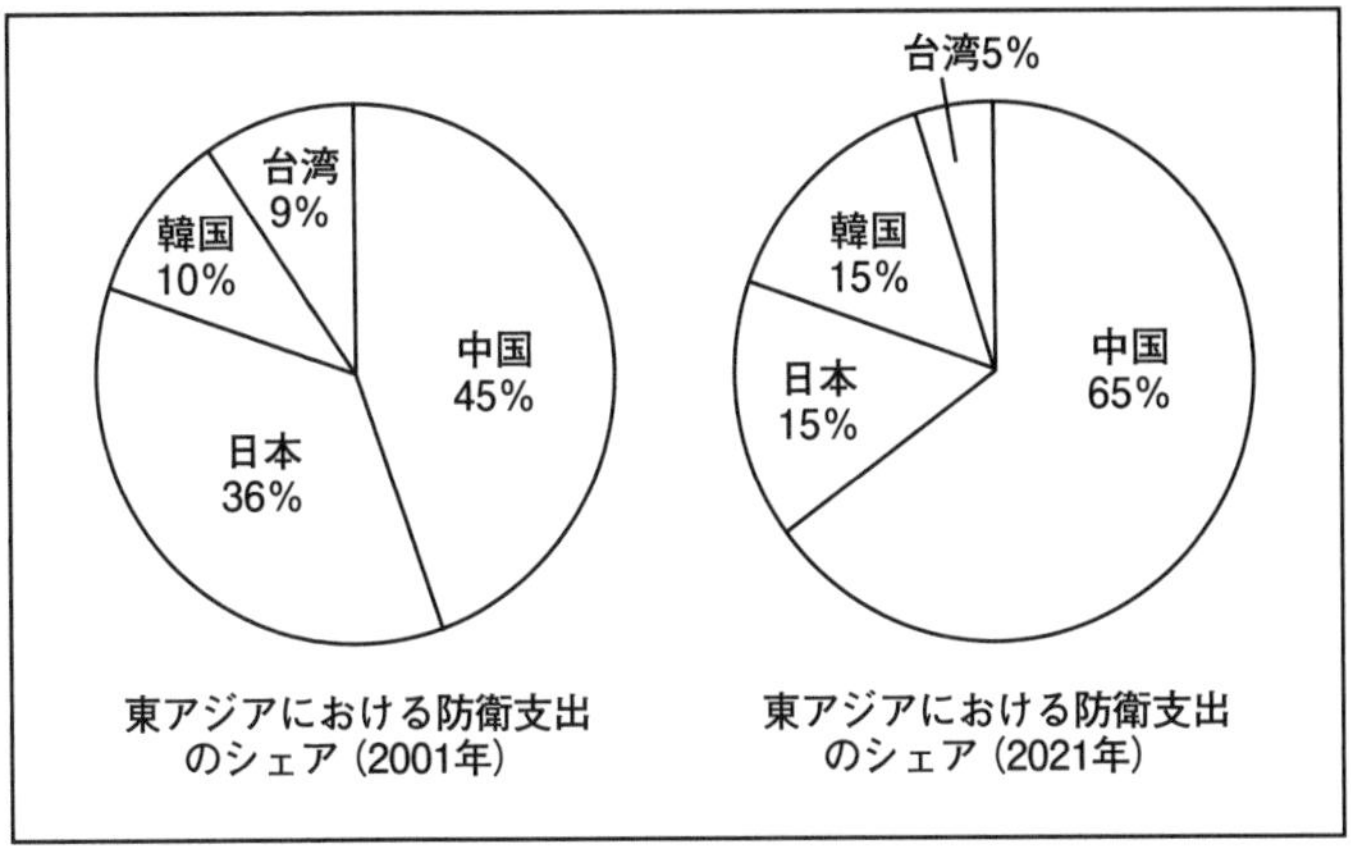

図4-1 東アジアにおける防衛支出のシェアの変化

（International Institute for Strategic Studies, *Military Balance 2001/2003* および Institute for International Strategic Studies, *Military Balance 2022*より筆者作成）

る。なお、２０００年までは日本の防衛費が中国の国防費をわずかに上回っており、２０００年で比較すると、日本が38パーセント、中国が36パーセントでほぼ1対1となる。[25] しかしながら、その後20年を経て、日本のシェアは15パーセントに低下した。その一方で、大規模な軍拡を続けてきた中国のシェアは65パーセントに達している。比率に直すと1対4・3となる。

つまり、この20年間で、東アジア全体での日本の防衛費のシェアは半減したことが読み取れる。対中比で見ると、ほぼ同額だったものが四分の一を下回る水準まで低下している。これは、日本の防衛費が、この20年間ほぼ5兆円の水準で推移してきたのに対し、中国が高い伸び率で増額させ続けてきたことによる。

次に、日本の政府支出全体の中での防衛費と他の支出項目とを比較する。通常は防衛費とは、本予算における防衛費を指す。これは契約ベースで、後年度負担として契約した装備品などへの支出が含まれている。ただし、本予算成立後に補正予算として支出されたものは含まれない。ここでは、補正予算を含めて比較するため、本予算ではなく決算に注目する。

決算には、歳出予算額と歳出予算現額の二つの算出法がある。歳出予算額は当初予算額と補正予算額の合計だが、歳出予算現額は、歳出予算額に前年度繰越額を加えるとともに、予備費の使用や移替・流用などの増減が加味されており、その年度のキャッシュフローにあたる。

2022年12月現在、最新の決算は2021年度のものであるが、2020年度以降は新型コロナウイルス対策のため大規模な補正予算が組まれたため、それ以前の年度の支出とはトレンドが大きく異なっており、比較が難しい。そこで本稿では2019年度の決算の数字を用いる。

図4-2は、決算ベースで見た2019年度の日本の予算支出の割合である。(26) これを見ると、防衛費は国家の支出全体の5パーセントにとどまる。これは、社会保障費の約六分の一強、国債費の約三分の一弱、地方交付税交付金の約五分の二、公共事業費の約二分の一にとどまる数字である。安全保障環境の悪化に対応して、日本政府も2023年度から防衛費を増額していくこととしたが、仮に防衛費を現在の2倍に近い10兆円に増額したとしても、それはほぼ公共事業費と

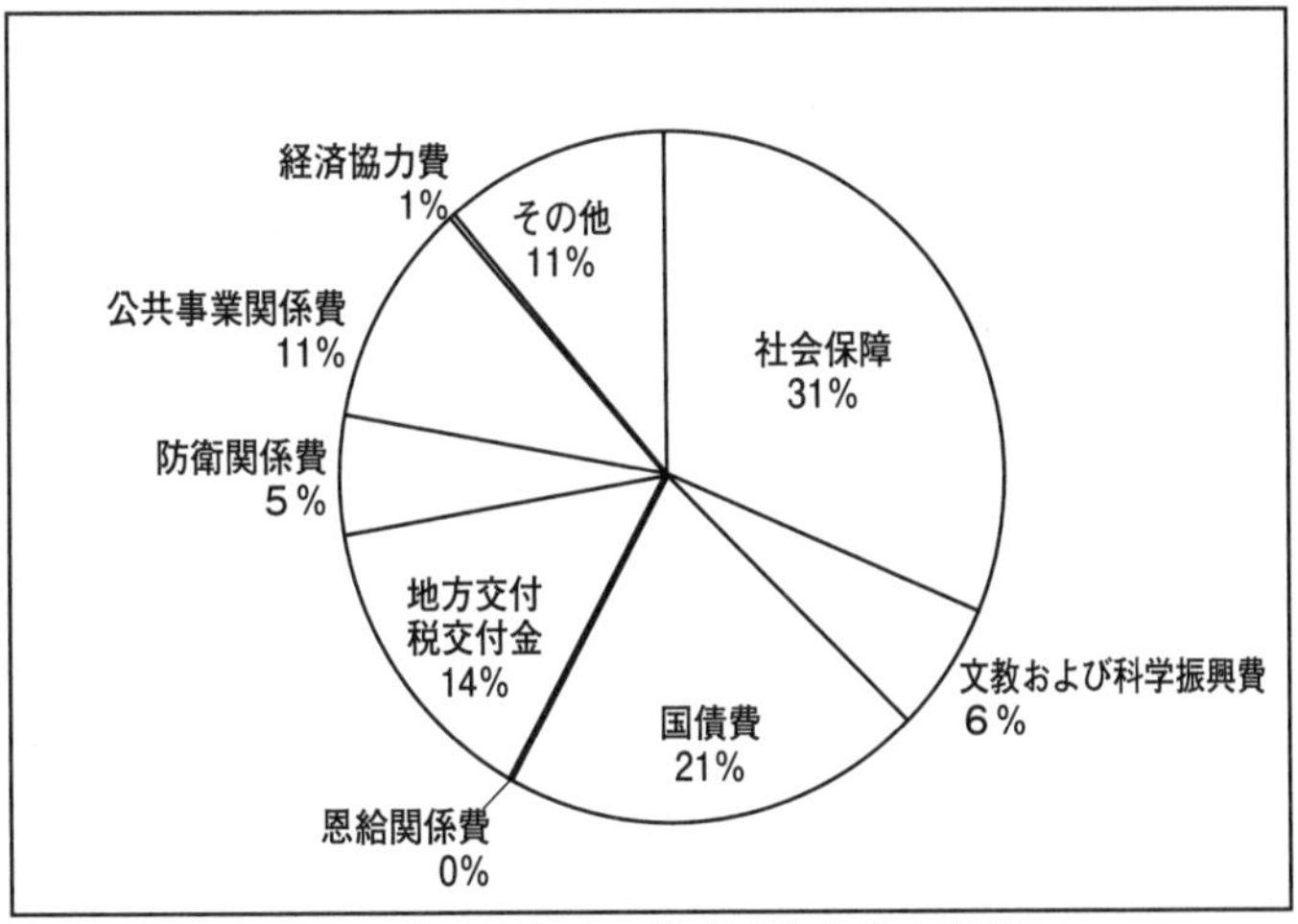

図4-2 令和元年度一般会計歳入歳出決算

（財務省「令和元年度一般会計歳入歳出決算（第203国会提出）」より筆者作成）

並ぶ水準の支出であることがわかる。その場合、絶対額で見ると、社会保障費、国債費、地方交付税交付金に次ぐレベルとなるが、それでも社会保障費の三分の一弱、国債費の二分の一弱、地方交付税交付金の約三分の二程度である。

この関連で見過ごされがちな重大な論点がある。仮に抑止が破綻して中国との間で戦争が発生した場合、膨大な国富が失われることである。金融市場も破壊的な影響を受けることは避けられない。このことは、日本の財政破綻をより近づけることになる。つまり、財政事情の観点から見ても、抑止力の重要性はこれまでになく高まっている。

そう考えると、現在の日本は、政治レベルで大きな選択をしなければならない局面に置かれているといえる。そして日本は、防衛費を増額していく選択を行なったのである。

日米同盟——失われた米軍事力の圧倒的優位

日本の戦略上のリソースとしてもう一つ重要な要素が、日米同盟の存在である。日米同盟は、元々は1950年に締結され、1960年に改訂された日米安全保障条約に基づいて形成されている。日米同盟の特徴は、日本が基地の貸与を行ない、米国が日本防衛義務を負うというように、条約上の義務が非対称である点にある。特に1950年に締結されたいわゆる旧安保条約は、日本が基地を供与し、米国が軍隊を駐留させる、いわば「基地貸与協定」といえるものであった。これを1960年に改定し、日米の相互防衛が盛り込まれたが、相互防衛の範囲はあくまで日本領域に限定されている。つまり、1960年の安保改定後であっても、日米同盟の中核は、自衛隊と米軍の防衛協力ではなく、在日米軍基地を日本が提供し、米国がその基地を利用して日本および極東の平和と安定のための活動を行なう点にある。これは、1960年代には自衛隊の実力が非常に限られたもので、当時は日米の防衛協力が実体的な意味を持たなかったことを考えれば、必然的な形態でもあった。

その後、自衛隊の能力が次第に向上したことによって自衛隊と米軍の防衛協力の必要性が高まり、策定されたのが、「日米防衛協力のための指針」、いわゆるガイドラインである。ガイドラインは1978年に策定されたものが最初で、その後1995年、2015年に改定されて現在に至る。ガイドラインでは、自衛隊と米軍が共同対処すべき作戦局面が特定されたうえで、局面ごとの役割分担が定められ、日米安全保障協議委員会、いわゆる「2+2」で合意される。日米の防衛・外交閣僚の協議体である「2+2」で合意することによって、日米の軍事的な役割分担についての政治的なオーソリゼーションがなされることになる。そのうえで自衛隊と米軍の共同対処計画が検討・策定されるのである。

冷戦期、自衛隊はソ連軍と比べると著しく劣勢にあったが、米国の軍事プレゼンスによってその劣勢は相殺《そうさい》されていた。米ソ対立の最前線であったヨーロッパにおいては、米国および西側同盟国は通常戦力において劣勢に立たされていたが、それとは対照的に、極東地域においては米国の海上・航空戦力の優位は圧倒的であり、通常戦力においても優位に立つことができた。しかしながら、前述の表4-2で示したように、中国の大規模な軍拡により、日米安全保障条約締結以来、70年にわたって日米が享受してきた東アジアにおける米軍の通常戦力の優位は失われつつある。

このことは米国においても深刻な危機認識が持たれている。トランプ政権期の2018年2月に、米国は「国家防衛戦略」（文書は秘密扱いで、公表されたのは一部だけである）[27]を策定したが、引き続いて米議会が専門家委員会「国家防衛戦略委員会」を設置し、さらなる検討を行なった。その結論は楽観を許さないもので、中国を相手に台湾海峡有事や、ロシアを相手にバルト諸国をめぐる有事が発生した場合、米国は「決定的な軍事的敗北」を喫する可能性があるというものであった。[28]こうした状況に対応して、米国は2022年度会計年度以降、「太平洋抑止イニシアチブ」という予算項目を設定している。[29]しかし、これもまた中国優位に傾きつつある東アジアにおける軍事バランスの流れを逆転させるほどのものではない。

つまり、第二次世界大戦後、当たり前のように享受してきた、米国の通常戦力における圧倒的優位という好条件を失った状況で、日本は戦略を展開していかなければならないのである。それはすなわち、前述した「地政戦略的な競争における現状維持」を戦略上の目的として設定したとしても、日本と米国を合わせても軍事バランスにおいて劣勢にある現実の中でそれを追求していかなければならないことを意味している。

安全保障法制──集団的自衛権の限定的な行使容認

日本の防衛政策において見落としてはならない要素として、日本の法的制約がある。特に「密接な関係にある外国」が攻撃されたときにも自衛権を行使する集団的自衛権については、国連憲章において加盟国に認められた国際法上の権利であるにもかかわらず、長い間日本国憲法下では行使できないとされ、日米同盟における協力を日本防衛以外の状況にも広げようとする場合に大きな制約になってきた。

集団的自衛権は、冷戦後の日本の安全保障政策論にとって最も重要な論点の一つであった。[30] その重要な契機は1991年1月に生起した湾岸戦争であった。このとき、イラクの明白な侵略を排除するための国際的な軍事活動に直接関与しなかったため、日本が行なった資金協力の重要性は著しく過小評価されてしまった。このことは、日本において「国際貢献」をもっと充実させるべきだという議論が行なわれるきっかけとなり、その流れの中で集団的自衛権についても関心が大きく高まることとなった。

さらに、1993年から94年にかけて、北朝鮮の核開発疑惑をめぐって情勢が緊張し、第一次朝鮮半島核危機と呼ばれた状況が発生した。このときも日本は米国に対し、自衛隊による直接的な協力をほとんど行なえないことが明らかとなった。北朝鮮の核兵器開発は日本の安全保障に極めて大きな影響を持つにもかかわらず、それを阻止するための米国の行動に対して、日本が何ら直接的な協力を行なえないとすれば、それは必然的に日米同盟に深刻な危機をもたらす可能性があると強く懸念されるようになったのである。

こうした認識をベースに、1997年にガイドラインが改定されるとともに、集団的自衛権の行使をめぐる問題について専門家の議論が積み重ねられていった。[31] そして、平和安全法制を2015年に成立させていくプロセスの中で大きな改善が図られた。これまでの憲法解釈と論理的な整合性を保ちながら、限定的な集団的自衛権の行使を認めるかたちで憲法解釈の変更を行なう閣議決定が2014年7月1日になされたのである。この閣議決定においては、「我が国に対する武力攻撃が発生した場合のみならず、我が国と密接な関係にある他国に対する武力攻撃が発生し、これにより我が国の存立が脅かされ、国民の生命、自由及び幸福追求の権利が根底から覆される明白な危険がある場合において、これを排除し、我が国の存立を全うし、国民を守るために他に適当な手段がないときに、必要最小限度の実力を行使することは、従来の政府見解の基本的な論理に基づく自衛のための措置として、憲法上許容されると考えるべきと判断するに至った」とされ、「自衛のための必要最小限度」を基本とするという意味で、これまでの憲法解釈の基本的な論理を維持しつつも、集団的自衛権を限定的に行使することを認めた。

具体的には、①我が国ないし我が国と密接な関係にある他国に対する武力攻撃が発生し、これにより我が国の存立が脅かされ、国民の生命、自由及び幸福追求の権利が根底から覆される明白な危険があること、②これを排除し、我が国の存立を全うし、国民を守るために他に適当な手段がないこと、③必要最小限度の実力行使にとどまるべきこと、からなる自衛権行使の新たな三要件（以下、「新三要件」と表記する）として定めた。

そして、2015年9月19日の参議院本会議で平和安全保障法制が成立した。[32] ここで規定された新たな事態概念のうち、存立危機事態において、集団的自衛権が限定的に行使される。これにより、「我が国と密接な関係にある外国」が武力攻撃を受けた場合に、日本もその国とともに自衛権を行使できるようになった。ここに日米防衛協力の範囲が大きく広がったのである。

日本のリソースからみた戦略上の選択肢

ネットアセスメント――軍事バランスを相対的に評価

本章の第1節で「民主的価値を重視したデジタル革命」と「地政戦略上の現状維持」が、日本の大戦略レベルの「願望」であると論じた。しかし、日本の使用可能なリソースと見合ったものでなければ、これらを戦略上の「目的」として設定することは適切ではない。第2節では、このうち「地政戦略上の現状維持」に論点を絞り、リソースとなりうる防衛力、防衛費、日米同盟、法制度の四点について分析した。まとめると、日本は同盟国である米国と戦略上の立場が一致しており、また安保法制によって集団的自衛権を限定的に行使できるようになったことで、地域安全保障における問題における日米協力で実質的な障害はほぼ取り除かれていること、しかし、中国は急激な軍事力拡大の結果、日本と中国の防衛費は4対1と大きく差が開いているし、戦闘機や水上艦艇の数において対米7割に達しており、地域レベルの軍事バランスにおいて、米軍を含めても覆せない状況にあることが指摘できる。

特に、地政戦略上の「現状維持」には軍事バランスは重要な要素になるから、現在の日中の軍事バランスを考えると、これを戦略上の「目的」とするのは難しいとも考えられる。そこで、本節ではこの問題についてもう一段階分析を進めることにする。

戦略とは「相手」がいる環境で実行される。つまり、戦略の成功の可能性は、客観的な数値として評価できるものではない。戦略に直接関係する「相手」との関係で優位に立てれば成功する可能性が高まるし、劣勢になれば失敗する可能性が高まる。そうした考え方で発達してきたのが、前述した「ネットアセスメント」（65頁参照）である。

ネットアセスメントにおける評価は絶対評価ではなく相対評価となる。しかもここで行なわれる相対評価は、偏差値のようなかたちで集団全体における相対的な位置を評価するのではなく、直接的な相手との1対1の関係で、お互いの比較優位と比較劣位がどこにあるのかを総合的に評価するかたちで行なわれる。

日本の戦略を考えるとき、自らの比較優位と比較劣位は、相手が中国であるときと北朝鮮であるときで異なるであろうし、同じ中国との関係を評価するとしても、１９９０年代の中国と現在の中国とでは異なる。軍事バランスを考えるときも、単に物量を定量的分析手法で比較するのではなく、地理的条件や戦略的条件を考えなければならない。地理的条件の例として、攻撃する側が海を渡って攻撃しなければならないときには、単なる陸上戦力のバランスから優劣は評価できないことを挙げることができる。

たとえば、米中の軍事バランスの評価も、戦略的条件の設定の仕方によって結論は異なってくる。中国近傍の東シナ海や台湾海峡における米中紛争を想定した場合には、中国がかなり有利と評価されるであろうが、中国から遠く離れた中東で、（たとえばイラン問題をめぐって）米中紛争が発生することを想定した場合には、米国が有利であると評価されるであろう。軍事バランスは、常に戦略的条件を踏まえたうえで相対的に評価されなければならないのである。

日米中の比較優位・比較劣位の分析

表4-3は、こうした観点から、中国、日本、米国の比較優位・比較劣位を、大戦略、地理的要因、政治・社会的要因、それぞれの軍事力に着目して評価したものである。ここから、いくつかの際立った非対称性を導き出すことができる。ここではそのうちの四点を挙げておきたい。

第一は、大戦略レベルの非対称性である。台湾であれ東シナ海であれ、中国は現状変更を大戦略上の目的としている。一方、日米の大戦略上の目的は現状維持である。つまり、現在の国際秩序にお互いに不満があり、新たな秩序をどのように構築するかを争っているのではなく、日米は現在の地政戦略的な現状を維持しようとしている一方で、中国はそれを変更しようとしているのである。

これは、日米は軍事戦略レベルでは現状維持、すなわち守備的態勢を基本的な考え方に据えていいことを意味している。一般的に「攻者3倍の法則」という経験則が成立していることからわかるように、現状を打破するための攻勢作戦には守備的作戦よりも多くの兵力が必要とされるから、この点は日米が有利な点である。

	中国	日本	米国
大戦略	•現状変更 (−) •優先順位が明確（？）	•現状維持 (+) •優先順位が明確（？）	•現状維持 (+) •様々な戦略課題（？）
地理的要因	•Potential Western Front(N/A) •戦略的縦深 (+) •沿岸部に経済中枢が位置していることによる脆弱性 (−)	•海洋による離隔 (+) •戦略的縦深の欠如 (−) •経済中枢の脆弱性 (−)	•海洋による離隔 (+) •戦略的縦深 (+) •「距離の暴虐」(−)
社会・経済的要因	•海外貿易・エネルギー輸入への依存度大 (−) •権威主義体制に伴う国内社会の潜在的不安定性 (−)	•海外貿易・エネルギー輸入への依存度大 (−) •安定的な民主的政体 (+)	•安定的な民主的政体 (+) •貿易パートナーとしてのアジアの重要性 (+)
軍事力の特徴	•戦域ミサイル戦力の優位 (+) •地上戦力の優位 (+) •戦域内戦力バランスの優位 (+) •対潜水艦戦能力の劣勢 (−) •シーレーン防護能力の不足 (−)	•戦域ミサイル戦力の劣勢 (−) •全体戦力における劣勢 (−) •対潜水艦能力の優位 (+)	•戦域内戦力の劣勢 (−) •全体戦力における優位 (+) •核戦力における優位 (+)

表4-3　日米中の比較優位・比較劣位の分析

第二は、地理的条件の非対称性である。中国が戦略的縦深を享受している一方、日本は縦深を持たない。また、同盟国である米国は太平洋の反対側に位置しており、そのぶん戦略的縦深を有するとはいえるが、むしろ遠隔地にあり、戦力の展開に時間を要する「距離の暴虐」の問題を抱えている。

ただ、中国が現状を実際に打破するためには、海を渡って台湾なり尖閣諸島なりを占領しなければならない。前述の大戦略レベルの非対称性と組み合わせるならば、中国は海を渡らなければ目的を達成できないのに対し、日米側は中国が海を渡るのを阻止さえできればよい。仮に両軍手詰まりになったとしても、現状維持の目的を達成することができる。この点もまた、日米が有利な点である。

第三は、政治的要因の中の政治体制の違いである。言うまでもなく中国は権威主義体制であり、日米は民主主義政体となっている。特にここで論点になるのは、民主主義政体の「強さ」と「弱さ」であろう。

民主主義政体では、権威主義体制と異なり、意思決定は少なくとも手続き的には国民の意思を反映したかたちで行なわれる。というより、国民の意思を反映した意思決定手続きが制度化されたものが民主主義政体である。ただし、この意思決定の手続きは時として迂遠なものとなるから、権威主義体制のほうが効率的な統治ができることもある。しかしそれは、国民の意思を必ずしも反映したものではない。民主主義政体における意思決定は、手続き上国民の意思が反映されるかたちになっており、そのことが民主主義政体の「強さ」といえる。

一方、民主主義政体の中心的な価値の中に言論の自由がある。これは民主主義を成り立たせるうえで極めて重要な価値だが、同時にフェイクニュースなどを用いた情報工作に対して脆弱にならざるをえない。実際に2016年のアメリカ大統領選挙ではフェイクニュースが大きな影響を与えたとされている。(33) こうした情報操作を通じて国民の意思自体が操作される可能性があることは、民主主義政体の「弱さ」といえる。この点において、権威主義体制では、言論統制によってフェイクニュースなどの情報工作を封じ込めることができる。しかしながら、政治指導者に対する批判が封じ込められることについての潜在的な不満が社会の中で蓄積している可能性がある。このことの潜在的なリスクは権威主義体制の「弱さ」であろう。

第四は、時間軸で見た場合の軍事バランスの非対称性である。中国は爆発的な経済成長を背景に急速に軍事力を質量ともに強化し、現在では戦域レベルにおいては米軍に対して一定の軍事的優位に立ったと見られている。ただし、米国も戦域レベルでは劣勢であるとしても、全体的な戦力バランスでは勝っており、グローバルに展開している米軍をかき集めれば優位に立つことができる。しかしそれには一定の時間がかかる。たとえば湾岸戦争時には、戦力を中東に投入するのに6カ月の時間を要している。

つまり、戦域内にすでに配備されている戦力のみで戦う短期戦であれば中国が優位にあるが、米国がグローバルな増援を送り込んでくる長期戦になると米国が優位になる。軍事バランスが時間の推移とともに変化するのである。そのため、中国が現状変更を試みる場合には短期戦を志向するであろう。逆の言い方をすれば、短期戦で目的を達成できると中国が判断した場合は、抑止が失敗する可能性が高まるし、逆に米国が確実に長期戦にコミットすると中国が判断する場合は、抑止が成功する可能性が高まるということである。

日本の比較優位を活かした戦略の組み立て

本節では、ネットアセスメントの手法を用いて日米中の比較優位・比較劣位を分析した。まとめると、日本の比較優位としては、大戦略において現状維持を志向していること、地理的条件として海洋によって中国から離隔されていること、政治的要因として、民主主義国家であるがゆえに政治体制への国民の支持が高いと考えられることが挙げられる。ただし、軍事バランスについて言えば、中国はすでに戦域レベルでは日米同盟に勝る軍事力を構築しているため、同盟国である米国が世界中から増援を送り込んで来ない限り、軍事バランスにおいて劣勢にあることが大きな課題として指摘できる。

これらを総合して考えると、日本としては、現状維持を目的とする大戦略に基づき、海洋による離隔を最大限に活かしていくことが、自らの比較優位を活かした防衛戦略を組み立てていくうえでのポイントになろう。これは、海洋を挟んだ防御作戦を防衛戦略の中心に据えることを意味する。

有効な戦略を構築していくうえで重要なことは、「願望」と「能力」のバランスをとることである。日本が、軍事大国化した中国に対して正面から立ち向かうのは難しい。中国の軍事力に対して抑止力を構築しようという「願望」を抱いたとしても、それに見合う「能力」を持てるとは限らない。しかし、これまで分析したように、日本に有利な点を活かして防衛戦略を組み立て、「攻者三倍の法則」に基づいて、中国側の三分の一を上回る程度の「能力」を整備できる資源を防衛力に割り当てることができれば、大戦略上の目的である地政戦略上の「現状維持」を達成することは不可能ではないだろう。

次章以下ではこの問題を具体的に検討していく。

（1）日経コンピュータ『なぜデジタル政府は失敗し続けるのか：消えた年金からコロナ対策まで』（日経BP、2021年）。
（2）Elsa B. Kania, "Securing Our 5G Future: The Competitive Challenge and Considerations for U.S. Policy."
（3）防衛研究所『中国安全保障レポート2018』25–28頁。
（4）同右、11–14頁。
（5）なお現実には、防衛大綱別表に示された兵力水準が達成されたことはない。
（6）この点に着目した論考として、千々和泰明「戦後日本の安全保障政策に関する分析枠組みとしての『防衛力整備／運用』：『限定小規模侵略独力対処』概念を手がかりに」、『年報政治学』第65巻、2014年、332–351頁がある。
（7）高橋杉雄「基盤的防衛力構想からの脱却：ミッション指向型防衛力の追求」『国際安全保障』第44巻第3号（2016年12月）54–71頁。本章の以下の記述は同論文に多くを拠っている。
（8）防衛庁『昭和51年版日本の防衛』（防衛庁、1976年）、http://www.clearing.mod.go.jp/hakusho_data/1976/w1976_02.html.
（9）同右。

（１０）防衛庁『平成17年版防衛白書』（防衛庁、２００５年）、http://www.clearing.mod.go.jp/hakusho_data/2005/2005/index.html.
（１１）防衛庁『平成17年版防衛白書』、http://www.clearing.mod.go.jp/hakusho_data/2005/2005/html/17224200.html.
（１２）防衛省『平成23年版防衛白書』（防衛省、２０１１年）１６０頁、http://www.clearing.mod.go.jp/hakusho_data/2011/2011/pdf/23020203.pdf.
（１３）防衛省『平成26年防衛白書』（防衛省、２０１４年）１４４頁、http://www.clearing.mod.go.jp/hakusho_data/2014/pdf/26020403.pdf.
（１４）防衛研究所『東アジア戦略概観２０１４』（防衛研究所、２０１４年）59頁、http://www.nids.mod.go.jp/publication/east-asian/pdf/eastasian2014/j01.pdf.
（１５）Department of Defense, "Quadrennial Defense Revirw Report," (September 30, 2001), pp.13-14. http://archive.defense.gov/pubs/qdr2001.pdf,
（１６）Paul K. Davis, *Analytic Architecture for Capabilities-Based Planning, Mission-System Analysis, and Transformation,* (RAND Corporation, 2002).
（１７）Ibid., pp.9-26.
（１８）防衛省『平成26年版日本の防衛』（防衛省、２０１４年）１４４－１４６頁、https://warp.da.ndl.go.jp/info:ndljp/pid/11502835/www.mod.go.jp/j/publication/wp/wp2014/pc/2014/pdf/26020403.pdf.
（１９）三井康有「基盤的防衛力構想模索の頃」『追悼集西廣整輝』、西廣整輝追悼集刊行会、１９９６年、１３４－１３５頁で触れられているとおり、基盤的防衛力構想においても、「検証」というかたちで能力評価に相当する作業が行なわれていた時期がある。しかしながら、それはあくまで基盤的防衛力構想として積み上げた防衛力に対する「検証」であって、そこから所要を導き出したのではない点で大きな違いがある。
（２０）防衛省『平成26年版防衛白書』１５３頁。
（２１）The International Institute for Strategic Studies, *The Military Balance 2022: The Annual Assessment of Global Military Capabilities and Defense Economics* (Routledge, 2022).
（２２）日本はＦ－15およびＦ－２、中国はＪ－10、Ｊ－11、Ｊ－15、Ｊ－16、Ｓｕ－27、Ｓｕ－30、米国はＦ－15、Ｆ－16、Ｆ／Ａ－18を第４世代戦闘機とした。

（２３）日本はＦ‐35、中国はＪ‐20、米国はＦ‐22、Ｆ‐35を第５世代戦闘機とした。

（２４）本節の内容については、高橋杉雄「日本の防衛費：ハウ・マッチ・イズ・イナフ？（上）『ＧＤＰ２％』をファクトと合理性で検証する」『国際情報サイト　新潮社フォーサイト』（２０２２年７月18日）https://www.fsight.jp/articles/-/49025. 高橋杉雄「日本の防衛費：ハウ・マッチ・イズ・イナフ？（下）『安保環境の改善』『何に使うか』『外交重視か防衛か』」『国際情報サイト　新潮社フォーサイト』（２０２２年７月19日）、https://www.fsight.jp/articles/-/49026 でより詳しく論じている。

（２５）International Institute for Strategic Studies, *Military Balance 2001/2002,* (The International Institute for Strategic Studies, 2001), p.194, p.188.

（２６）財務省「令和元年度一般会計歳入歳出決算（第２０３国会提出）」（２０２０年11月20日）、https://www.bb.mof.go.jp/server/2019/dlpdf/DL201972001.pdf.

（２７）Department of Defense, "Summary of the 2018 National Defense Strategy of the United States of America: Sharpening the American Military's Competitive Edge," (February 2018) https://dod.defense.gov/Portals/1/Documents/pubs/2018-National-Defense-Strategy-Summary.pdf.

（２８）National Defense Strategy Commission, "Providing for the Common Defense: The Assessment and Recommendations of the National Defense Strategy Commission," (November 2018), https://www.usip.org/sites/default/files/2018-11/providing-for-the-common-defense.pdf, p.14.

（２９）Office of the Under Secretary of Defense (Comptroller), "Pacific Deterrence Initiative," Department of Defense Budget, Fiscal Year (FY) 2023, (April 2022), https://comptroller.defense.gov/Portals/45/Documents/defbudget/FY2023/FY2023_Pacific_Deterrence_Initiative.pdf.

（３０）日本における集団的自衛権をめぐる議論の流れについては、防衛研究所『東アジア戦略概観２０１５』（防衛研究所、２０１５年）36–44頁。http://www.nids.mod.go.jp/publication/east-asian/pdf/eastasian2015/j01.pdfにまとめられている。

（３１）この時期から平和安全保障法制制定までの間の、集団的自衛権をめぐる日米の主要な専門家の議論としては以下のものがある。Ralph A. Cossa. ed., *Restructuring the U.S.-Japan Alliance: Toward a More Equal Partnership,* Center for Strategic and International Studies, 1997; Richard Armitage and Joseph Nye, "The United States and Japan : Advancing toward a

Mature Partnership," Institute for National Strategic Studies, 2000, https://spfusa.org/wp-content/uploads/2015/11/ArmitageNyeReport_2000.pdf; Mike Mochizuki ed., *Toward a True Alliance: Restructuring U.S. - Japan Security Relations*, Brookings Institution Press, 1997; 東京財団、「新しい日本の安全保障戦略：多層協調的安全保障戦略」２００８年10月、https://www.tkfd.or.jp/files/product/2008-05.pdf, 日本国際フォーラム「積極的平和主義と日米同盟のあり方」２００９年10月、https://www.jfir.or.jp/j/activities/pr/pdf/32.pdf, 世界平和研究所「世界平和研究所創立25周年記念提言『平成50年、世界で輝く日本たれ』２０１３年10月、http://www.iips.org/research/data/iips25-proposals.pdf.

（３２）閣議決定、国家安全保障会議決定「国の存立を全うし、国民を守るための切れ目のない安全保障法制の整備について」（２０１４年７月１日）、http://is-japan.org/download/stylesheet20121208.pdf.

（３３）Aaron Blake, "A new study suggests fake news might have won Donald Trump the 2016 election," *Washington Post*, (April 3, 2018), https://www.washingtonpost.com/news/the-fix/wp/2018/04/03/a-new-study-suggests-fake-news-might-have-won-donald-trump-the-2016-election/.

第5章　将来の戦争をイメージする

日本が新たな防衛戦略を構築するうえで、避けて通れないのが将来の戦争をどのようにイメージしていくかである。現代における技術の発達の速度はすさまじく、戦場の様相も大きく変わっている。そうなると、限られたリソースを効率よく投入するために、将来戦のあり方について正確に予測し、重要になることが予測される分野に重点的に資源配分を行なうことが必要であるという考え方が容易に生まれてくる。

しかし、現実はそれほど単純ではない。本章では、将来戦の状況を予測することがいかに難しいかを示し、そのうえで、将来の戦争の様相をシナリオプランニングの手法で描き出すことを試みる。

技術の発達の「先取り」の難しさ

戦争の様相は絶えず変化する

そもそも、人類の歴史を通じて、戦争の様相は変化し続けている。特に近現代において、その変化は加速さえしている。19世紀初頭のナポレオン戦争、19世紀中盤の南北戦争やボーア戦争、20世紀初頭の日露戦争、その20年後の第一次世界大戦、20世紀中盤の第二次世界大戦を比べてみると、それぞれ戦争の様相も戦闘形態もまったく異なる。21世紀に入ってからでも、アメリカが行なったイラク戦争とロシアが行なっているロシア・ウクライナ戦争とでは大きく様相が異なる。

そう考えると、戦争はそれぞれユニークな特徴を持つものであり、同じ形態の戦争を見いだすことのほうがむしろ難しいともいえる。そうしたなかでも、戦争の歴史において、短期間に非連続的な変化が発生することがある。それらは特に「軍事革命（military revolution）」や「軍事における革命（revolution in military affairs：RMA）」と呼ばれる。[1]

こうした大きな変化は、国民国家の形成による動員力の強化のような社会的要因によって引き起こされるものもあるが、蒸気機関と内燃機関が海上戦闘、地上戦闘を大きく変え、さらに航空戦闘という新たな領域を作り出したこと、あるいは無線通信が戦闘中の部隊の連携を大きく変えたことなどからわかるように、そのほとんどが技術的要因によって引き起こされた。ただし、戦争の変化の多くは、軍事革命やＲＭＡのような、短期間に起こる非連続的変化ではなく、常続的かつ着実な変化の積み重ねとして起こってくるものでもある。

「変化の先取り」の失敗

戦争の様相が、技術の進展などによって絶えず変化していくとすれば、変化を先取りし、将来有効とみられる技術分野に集中的に先行投資をすべきという考え方が登場するのは自然である。しかしながら実際には、そうした試みの多くが失敗している。ここでは、そのいくつかの例を挙げる。

第一に挙げられるのが、戦略爆撃である。戦略爆撃は第一次世界大戦後いち早く登場した考え方だが、一部の戦略家は、爆撃のみによって戦争に勝利できると主張した。[2] しかし、大規模な戦略爆撃が行なわれた第二次世界大戦においても、戦争を戦略爆撃のみによって終わらせることはできなかった。

核兵器が大量に配備された冷戦期においては、「大量報復戦略」や「相互確証破壊」というかたちで、戦略核戦力による攻撃を中心に据えた戦略論が登場したが、主戦場と目されたのはヨーロッパであり、実際の米ソの戦争は戦略核戦力をいきなり撃ち合うのではなく、そこまで事態がエスカレーションする前には地上戦が行なわれると予測されていた。冷戦期に発生した局地戦である朝鮮戦争やベトナム戦争でも、主戦場は地上であった。このように、冷戦期には戦略爆撃のみによって戦争に勝利できるという将来戦像は現実的なものとは見なされていなかったし、実際に起こった戦争もそういうかたちにならなかったのである。この点をめぐる論争は、「エアパワーディベート」と呼ばれる。

冷戦終結後の1998年に発生したコソボ空爆は、空爆のみによって終結した戦争であり、ついに戦略爆撃のみによって戦争が終結した例とも見なされたが、セルビアが停戦を受け入れたきっかけはNATO軍の地上進攻を恐れたからという指摘もあり、現在に至るも、「エアパワーディベート」の中で、戦略爆撃によって戦争に勝利できるという立論を裏付け、広く支持される実例は存在していない。[3] 2022年11月現在、ロシア・ウクライナ戦争において、ロシアはウクライナの電力インフラに集中的に砲爆撃を加えているが、これもまたウクライナ側の戦意を破壊し、屈服させるには至っていない。

第二に挙げられるのが、ペントミック師団である。[4] これは、冷戦期の1950年代後半に米陸軍で進められた構想である。核兵器が登場し、なかでも小型の戦術核・戦場核が開発・配備されるに及び、核戦争を実際に戦うための陸戦部隊の改編として進められたものである。ペントミック師団では、携行型核弾頭発射ランチャー「デイビー・クロケット」の配備によって、前線の歩兵部隊にまで核兵器を行き渡らせるとともに、核攻撃に備えて部隊を小規模化し、それを分散化させることとされていた。しかしながら、分散化させた部隊は必然的に通常火力が不足すること、そうした小規模分散化した部隊の指揮統制が当時の技術では困難であること、また、最前線に歩兵携行型の核兵器を配備することは、戦争開始直後に核兵器を使用することを必然のものとするといった問題から、ペントミック師団構想は放棄されることになる。

その後、米陸軍は1970年代になって、ハイテク通常兵器を中心にした「アソウルト・ブレーカー」構想や「エアランドバトル」構想によって、核兵器に依存しないかたちでの火力の強化を実現していくのである。[5]

第三に挙げられるのが、冷戦後の1990年代に展開された情報RMA（革命）をめぐる議論である。これは、1990年代後半から2000年代前半にかけての戦略論の中心にあった議論で、要約すれば、情報革命が安全保障上の「ゲームチェンジャー」となるという考え方である。米軍もこの流れの中で、「ジョイントビジョン2010」などを発表して将来戦の構想を示した。[6]

情報RMAをめぐる議論の口火を切った一人である米国の統合参謀本部副議長であったビル・オーウェンスは、退役後に『「戦場の霧」を除去する（Lifting the Fog of War）』という著書を出版した。[7] この著書のタイトルが象徴的に表しているように、情報革命の進展により、クラウゼヴィッツが19世紀に指摘した「戦場の霧」が取り払われ、戦争の形態が根本的に変革するという考え方が当時広がっていたのである。

それに対して英国のローレンス・フリードマンは、戦略を無視した技術先行の議論は無意味であるとして強く批判した。[8] 彼は、米国に挑戦しようとする国が通常戦力で対抗してくる可能性は極めて低く、むしろ米国の「弱み」を狙ってテロや大量破壊兵器のような非対称な紛争に訴えてくる可能性が高いことを指摘した。

そして、現実はフリードマンの指摘したとおりに展開した。イラク戦争、アフガニスタン戦争において、米国は情報技術やハイテク兵器の威力で相手の首都を瞬く間に制圧したが、戦争はそれでは終わらなかった。反米勢力がまさにテロ的な非対称な手段で米国に対抗し、米国は圧倒的に技術力で勝るにもかかわらずそれを制圧することができなかった。

別の流れとして、北朝鮮のように、核兵器によって米国のハイテク通常戦力に対抗しようとする動きも顕在化した。情報技術によって取り払われると考えられていた「戦場の霧」も、イラクやアフガニスタンでは反米勢力が一般社会の中に溶け込んで破壊活動を行なったため、引き続き残存し続けた。正規戦においても、ステルス技術や小型ドローンの拡散、あるいはサイバー戦や電磁波領域における欺瞞により、今でも「戦場の霧」は取り払われてはおらず、情報RMAを強く主張した論者たちが予測したようなかたちの将来戦は実現しなかったのである。

なお、フリードマンは、その後『将来戦：その歴史』を著し、20世紀初頭にまでさかのぼって、将来戦がどのように議論されてきたかを検証した。[9] その結論は非常に興味深いもので、過去約百年の間、将来の戦闘様相は絶えず議論され続けてきたにもかかわらず、その予想は外れ続けてきたというものであった。こうしてみると、現代において戦争の様相が絶えず変化している一方で、変化を先取りすることは実際には困難であると考えざるをえない。

将来戦の予測はなぜ外れるのか？

将来戦予測が困難な三つの理由

フリードマンが言うように、将来戦についての予測が外れ続けるとすれば、それは単なる予測の精度不足といった問題ではないだろう。背景として、大きく分けると三つの理由が考えられる。

第一は、技術上の限界である。これは、将来戦の様相を予測した段階では実際には技術が十分に発達していなかった場合に起こりうる。たとえば戦略爆撃について言えば、精密誘導兵器が登場するまでは十分な爆撃精度を確保することができなかった。異論もあるにせよ、戦略爆撃のみで戦争を終結できたと考えることができる唯一の事例であるコソボ空爆が精密誘導兵器の出現後であることは、その意味で偶然ではない。また、小規模分散化された部隊を指揮統制する技術が未発達だったペントミック師団のように、中核的な技術ではなくても、新たな戦闘構想を実現するために必要なほかの技術が未発達である場合もありえる。

第二は、戦略的な文脈への適合性である。たとえばペントミック師団が実現しなかった理由は、実際には、前述した技術的な問題というよりも、それが戦争における核兵器の使用を必然化してしまう戦略上の問題と直面したことが大きい。ペントミック師団は、核兵器が使用される陸上戦闘に対応するためのものであったが、小規模分散化された部隊は通常火力が不足する。そのため十分な火力を担保するためにはデイビー・クロケットをはじめとする戦場核を戦闘開始直後から使用せざるをえない。それはいかなるかたちであっても、陸戦が開始されれば核兵器が使用されるということであり、エスカレーションをコントロールするという戦略上の観点から言えば受け入れられるものではなかった。

第三は、「味方」と「敵」の相互作用の軽視である。その典型例として挙げられるのが情報RMAであろう。フリードマンが指摘したように、米国に対抗する敵は、米国の「強み」において立ち向かうのではなく、「弱み」を探し出してそこで対抗しようとする。その結果が9・11テロ事件であり、イラク戦争とアフガニスタン戦争での内乱鎮圧作戦の泥沼化であった。

試行錯誤の重要性

これまでも述べてきたように、軍事戦略においては「相手」がいることが重要な要因となる。どのような国家でも国家は相手の優位を打ち消し、自らの優位を利用しようとする。このように「相手」がいることによる双方向的なダイナミクスを無視し、自らの優位な戦い方のみを前提として将来戦を予測した場合、それが外れるのは必然であろう。

戦場には味方と敵がおり、戦闘は敵との間で行なわれる。戦争に相手がいる以上、将来戦は片方が描いた未来図が実現するかたちで現実化するわけではない。将来戦に向けての最適解は事前に一義的に定められるものではなく、相手の出方に適応するかたちで常に修正していかなければば、最適解にたどり着くことはできない。だとすれば、将来戦の予測に基づいて重要な技術や能力を「先取り」することはそもそも不可能であり、試行錯誤を繰り返しながら最適解を模索していくプロセスが不可避となる。

特にこの点を強調しているのが、戦間期における軍事的イノベーションについて広範なケーススタディ（機甲戦、上陸作戦、戦略爆撃、近接航空支援、空母、潜水艦、レーダー）を行なったウィリアムソン・マーレーとアラン・ミレットである。(10) 彼らは、変革のプロセスは簡単なものではなく、また偶然にも左右されるとしつつも、成功条件として、戦略上の現実適用性に適合していること、官僚組織に受容されやすい構想を打ち出すこと、そしてその構想を不断に検証し絶えず修正することを挙げた。

さらに、そのうえで軍のイノベーションとは実際には細かな変化の集積として達成されるものであるから、そうした変化を促進させる必要があり、そのためには、「変革の官僚化」を避け、失敗をおそれずに積極的に検証を行なう組織文化が必要であると主張した。(11) この観点から、彼らは、イノベーションを追求するための常設機関の設置を批判している。そうしてしまうと、イノベーションを目指す動きそのものが官僚的惰性によって支配される危険があることや、常設機関にエリート意識が生まれる一方、ほかの機関がイノベーションを他人事として捉えてしまい、実務レベルでの改革を阻害してしまう可能性があるからである。

将来戦に向けたイノベーションがこうした特性を持ち、関係国の試行錯誤の結果として展開していくとすれば、決め打ちしたかたちで将来戦像を描くのはリスクが大きい。こうした問題に対しては複数の解をストーリーとして描き出すシナリオプランニング手法が有効である。そこで次節ではシナリオプランニングを用いて戦争の将来についての検討を行なう。

シナリオプランニングで将来戦像に迫る

「ドライビングフォース」を二つ選定する

シナリオプランニングとは、将来が不確実であることを前提に、不確実性の「幅」をストーリーのかたちで示し、特に重要な意思決定のポイントを明らかにするための戦略立案の手法である。[12] シナリオプランニングでは、現状が変化した「結果」としてもたらされる将来を、シナリオというある種のストーリーとして示す。これらのシナリオは、決してピンポイントで未来予測をしようとするのではなく、現在の世界を変化させていく要因にはどのようなものがあるか、そしてその変化にあたってはどのような変数がクリティカルな重要性を持つかを示すことに主眼がある。そして、あくまで何が重要な意思決定で、その意思決定が将来どのような意味を持つのかを読み取っていくことがシナリオプランニングの目的となる。

シナリオプランニングの具体的な手法としては、現状の継続として想定されるシナリオをベースラインシナリオとし、そのベースラインを踏まえて「最善のシナリオ」と「最悪のシナリオ」を作成し、併せて三つのシナリオを示す手法などがあるが[13]、ここでは、分析対象の将来を左右する「ドライビングフォース」をいくつか案出し、その中から軸を選定して将来のシナリオを導き出す手法を用いることとする。この場合、通常は軸となるドライビングフォースを二つ選定し、二軸で四つのシナリオを導き出すのが一般的となる。

ただし、ドライビングフォースの中には、不確実性の幅が一定程度にとどまる定常的なトレンドと、大きな不確実性をともなうものとがある。二軸シナリオ手法で重要なのは、大きな不確実性をともなうドライビングフォースを選び出すことである。これを適切に選定できれば、未来は二軸で示される四つのシナリオのどこかにある。（図5 - 1、175頁参照）

繰り返すが、シナリオプランニングは予測ではない。将来起こりそうなことをイメージとして認識し、適切な意思決定を行なえるようにするためのツールであることは強調しておきたい。

ドライビングフォース１「紛争の形態はどうなるか？」

将来の戦闘様相についてはさまざまな予測が行なわれている。その中での共通項として挙げることができるのは、センサーの発達、精密誘導兵器の拡散と長射程化、無人兵器の発達、ＡＩの活用であり、それらをネットワークで結びつけて最適な攻撃目標を発見し、迅速かつ正確に攻撃するといったものである。これは情報ＲＭＡが一世を風靡した時代に主流だった議論とほぼ同じであるが、大きな違いは、米国が精密誘導兵器を事実上独占していた１９９０年代と異なり、今では精密誘導兵器や無人兵器を双方が使用することがもはや与件となっていることである。このことは２０２１年のアルメニア紛争や２０２２年のロシア・ウクライナ戦争からも裏付けられる。その前提から議論を進め、敵味方双方の精密誘導兵器の有効攻撃範囲の中にはお互いに進入できなくなる「ノーマンズランド（No Man's Land）」が形成されるというような予測が生まれた[14]。

一方、精密誘導兵器といえども、目標を探知・捕捉できなければ有効な攻撃を行なうことはできない。だとすれば、相手の攻撃効果を減殺《げんさい》するには、相手のセンサーを攻撃したり、サイバー攻撃によって探知された情報の伝達を妨害することが有効な対応策となる。スティーブン・ビドルは、こうした対応は交戦中の双方が行なうであろうことに着目し、精密誘導兵器の有効攻撃圏は、自国に配備されたセンサーの探知距離（航空機搭載センサーでも長くても４００～６００キロメートル）に限定され、それ以遠の目標に対しては固定目標にしか攻撃できないと指摘した[15]。ここでは、これらの議論を踏まえながら、将来戦に関連するトレンドを識別し、その中からドライビングフォースを選定していくこととする。

まず、戦略的な文脈でのトレンドを見ておきたい。ここで第一に言えることは、米中ロの対立を基軸とする「大国間競争」が展開していることである。２０００年代初頭の情報ＲＭＡをめぐる将来戦予測が外れた大きな理由は、実際に行なわれた戦争が正規戦だけではなく、内乱鎮圧作戦など、非国家主体との非正規戦が中心であったこと、つまりまったく異なる戦略的文脈が展開したことが大本《おおもと》にある。現在、主要国が直面している戦略的な課題は大国間競争であり、その中で想定されうる実際の戦争は大国間の戦争となる。これは予測可能な将来において継続する公算が高く、定常的なトレンドとして捉えることができる。

ただし、大国間の戦争が古典的な正規戦の形態をとるかどうかはわからない。２０２２年２月に始まったロシア・ウクライナ戦争はまさに古典的な正規戦の形態をとっているが、東シナ海や南シナ海で展開しているグレーゾーンの事態や、ロシアが２０１４年にクリミア併合の際に成功させたハイブリッド戦といった、正規戦の形態をとらないかたちでの現状変更の試みが今後行なわれないとは言いきれない。

その意味で、大国間競争は継続するとしても、実際に紛争が生起した場合の具体的な形態については不確実性が大きいと考えられる。

ドライビングフォース２「戦場の霧は残るか・消えるか?」

次に、技術的なトレンドを検討する。全体的な方向として、前述したような、センサーと精密誘導兵器（シューター）をネットワークで結びつけていくトレンドは変わらないと考えられる。そこにＡＩをはじめとする新興技術を応用していこうというのが現在の状況である。しかし、シューターを有効に運用するためにはターゲットの情報が不可欠である。そこで、宇宙を含めて相手のセンサーそのものを無力化したり、サイバー攻撃など、センサーとシューターを結びつけるネットワークを通じて情報が流れるのを妨害しようとする試みは敵味方双方が行なうであろう。

そのため、ターゲットの情報が適時適切なタイミングで正確に得られるとは限らない状況が常態化する可能性がある。また、中国によるステルス戦闘機Ｊ－20の開発からもわかるように、ステルス技術の拡散も進んでいる。ステルス技術が拡散すれば、センサーやネットワークが健在だったとしても、ターゲットを確実に探知できるとは限らなくなる。そう考えると、将来戦において、基本的な戦い方として、精密誘導兵器とネットワークを中心としていくトレンドは変化しないと考えられるものの、「ノーマンズランド」を形成するほどに強固なかたちで機能するかどうかは不確実であると捉えるのが適当であろう。

前述したとおり、情報RMAをめぐる議論がなされていた当時、「戦場の霧が消滅する」という議論があった。しかし、現在も「戦場の霧」をめぐるせめぎ合いは展開されており、ネットワークを介した情報の把握・共有を通じて「戦場の霧」を消滅させようとする技術的トレンドと、それを妨害し、「戦場の霧」を残存させようとする技術的トレンドがせめぎ合っている。新興技術を考慮に入れたとしても、それがこのせめぎ合いそのものを消滅させるとは考えにくい。双方がこのせめぎ合いの中で新興技術を利用していくからである。

以上の議論をまとめると、将来戦の帰趨を左右する大きな不確実要因を二つ見いだすことができる。まず戦略的文脈においては、将来戦が正規戦の形態をとるか、あるいはハイブリッド戦／グレーゾーンの事態をとるかという、将来戦そのものの形態を不確実要因として挙げることができる。技術的要因からは、「戦場の霧」をめぐる攻防がどちらの優位に傾き、それが消滅していくか、あるいは残存したり、さらに濃くなっていくかということを挙げることができる。

これらの二つの不確実要因は、将来戦の様相そのものを構造的に規定しうる要因であり、シナリオを構成するドライビングフォースとして選定するのが適当であろう。

そこで、本研究では、〔大国間紛争の形態〕と、〔「戦場の霧」の状況〕の二つの軸で将来戦のシナリオを導き出すこととする。

将来戦に関する四つのシナリオ

二つの軸から描く将来戦のイメージ

前節までの検討を踏まえ、「戦闘がハイエンド戦闘（正規戦）の形態をとるか、ハイブリッド戦／グレーゾーンの事態の形態をとるか」と「『戦場の霧』が残存するか、消滅するか」という二つの軸から将来戦の様相をイメージしたものが図5-1（175頁参照）である。

まず、右上の第1象限が、〔ハイエンド戦闘〕と〔「戦場の霧」の残存〕の組み合わせとなる。これは、敵味方のサイバー・宇宙戦能力やステルス技術の発達により、センサーでの目標探知やネットワークを通じた情報共有が互いに妨害されているなかで正規戦を戦う状況である。

ここでは、双方ともに遠距離の目標を探知・捕捉することができず、長射程精密誘導兵器（P

GM）であっても実効攻撃範囲が限定される。ビドルが指摘するように、地上設置や自国の勢力圏内を飛行する空中配備センサーでしか目標探知ができず、それ以遠の目標に対しては、固定目標にしか実効的な攻撃ができない。

こうなると、地上にセンサーを設置するための「土地」の確保が重要な戦略的意味を持つ。特に日本周辺においては島嶼を確保し、そこにセンサーを配備したり、地上発射の対空ミサイルを含めて上空の安全を確保し、空中配備センサーを展開させることが必要となろう。そのため、このシナリオにおいては、島嶼の攻防が戦争の帰趨を定めるうえで大きな意味を持つことになる。また、ネットワークを通じた情報共有が妨害されるため、無人兵器の有効性もまた限定される。そのため、このシナリオにおいては、戦場で状況を認識し判断を下すことができる人間が搭乗している有人機の役割が相対的に大きなものとなろう。

その意味で、このシナリオで展開される戦闘は、伝統的な軍事作戦に近いものになる。センサーを展開するための戦略的要衝の攻防が鍵になり、有人機が重要な役割を担う。ただそれは、お互いの精密誘導兵器をより有効に使用し、相手に打撃を与えることを目的とするものであり、伝統的な軍事作戦とは意味合いが異なる。その意味で、このシナリオにおける戦闘は「新しい技術・変わらない軍事戦略」と名づけることができよう。

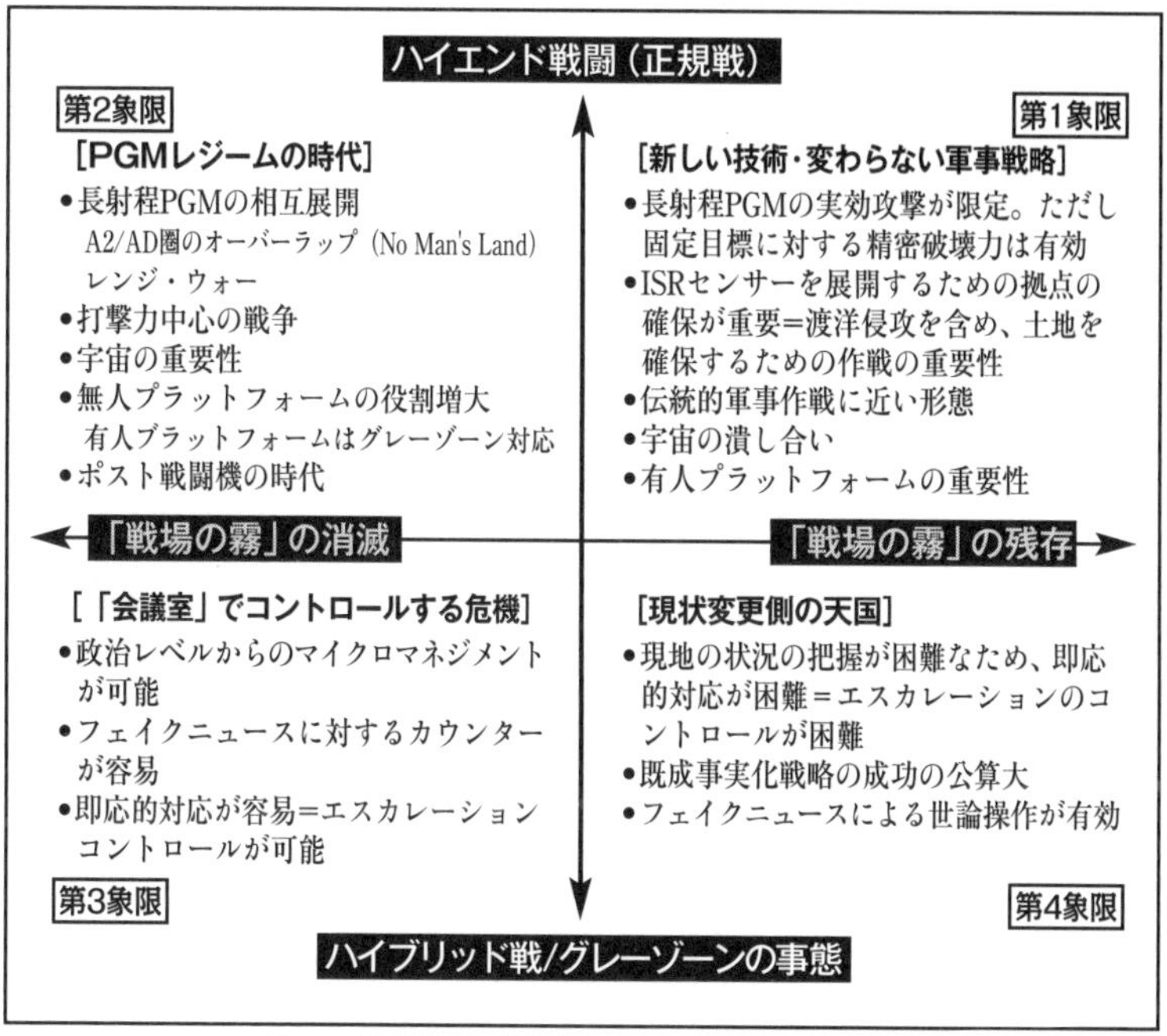
ハイエンド戦闘（正規戦）
第2象限
［PGMレジームの時代］
•長射程PGMの相互展開
A2/AD圏のオーバーラップ（No Man's Land）
レンジ・ウォー
•打撃力中心の戦争
•宇宙の重要性
•無人プラットフォームの役割増大
有人プラットフォームはグレーゾーン対応
•ポスト戦闘機の時代
第1象限
［新しい技術・変わらない軍事戦略］
•長射程PGMの実効攻撃が限定。ただし固定目標に対する精密破壊力は有効
•ISRセンサーを展開するための拠点の確保が重要＝渡洋侵攻を含め、土地を確保するための作戦の重要性
•伝統的軍事作戦に近い形態
•宇宙の潰し合い
•有人プラットフォームの重要性
「戦場の霧」の消滅
「戦場の霧」の残存
［「会議室」でコントロールする危機］
•政治レベルからのマイクロマネジメントが可能
•フェイクニュースに対するカウンターが容易
•即応的対応が容易＝エスカレーションコントロールが可能
第3象限
［現状変更側の天国］
•現地の状況の把握が困難なため、即応的対応が困難＝エスカレーションのコントロールが困難
•既成事実化戦略の成功の公算大
•フェイクニュースによる世論操作が有効
第4象限
ハイブリッド戦/グレーゾーンの事態

図5-1 将来戦の姿としての４つのシナリオ

左上の第2象限は、現在の将来戦をめぐる議論でイメージされているものに近い。ここでは、センサーとネットワークの発達により、「「戦場の霧」が消滅」した状態で、「ハイエンド戦闘」が戦われる状況になる。

この状況では、遠距離の目標であっても探知・捕捉が可能であり、それらの目標に対して直ちに長射程精密誘導兵器による攻撃がなされる。双方がそうした攻撃を行なうから、互いの長射程精密誘導兵器の射程に進入できない。ハイテク兵器の発達による「ノーマンズランド」の出現である。こうなると、土地の攻防はあまり意味を持たない。高精度の長射程精密誘導兵器によって目標を探知次第すぐに撃破することが可能なため、前線近くに部隊を配備する必要がないからである。

また、ネットワークを通じた情報共有が確実に行なわれるとなれば、無人兵器が大きな役割を担うことが想定され、スウォーミング（群制御）などを含めた戦術によって相手を攻撃することとなる。同時に、有人兵器の役割は限定されたものとなる。たとえば、いかに高性能の有人戦闘機であっても、有人戦闘機は一日の8割の時間は地上にある。このシナリオでイメージされる状況では、その8割の時間のいずれかに長射程精密誘導兵器による攻撃がなされ、その戦闘機は離陸前に撃破される公算が高くなる。

そう考えると、ここでは有人戦闘機よりも、ある種の無人機でもある長射程精密誘導兵器のほうが戦略的有効性が高くなる。すなわち「ポスト戦闘機」の時代の到来ともいえる。こうした将来戦は、マーンケンらが予測する将来戦像そのものであり、このシナリオに名前をつけるなら、彼の造語である「PGM（精密誘導兵器）レジームの時代」と呼ぶのが適当であろう。

左下の第3象限は、戦略的文脈が第1象限、第2象限と異なる。ここでは、第2象限同様に

〔「戦場の霧」の消滅〕が当てはまるものの、戦略的文脈は〔ハイブリッド戦／グレーゾーンの事態〕となる。

この状況の特徴は、ハイブリッド戦／グレーゾーンの事態が展開している現場の状況をリアルタイムで把握できることである。これは現状変更側と現状維持側の双方に当てはまるが、状況を迅速かつ確実に把握できることのメリットは現状維持側のほうが大きい。まず、現状変更側が試みるであろうさまざまな行動を速やかに把握できることによって、適時適切な対応が可能となる。これはマイクロマネジメントのかたちをとることになろうが、事態対処においてマイクロマネジメントは必ずしも悪いことではない。(16) 特にグレーゾーンにおいては、政治レベルは国内世論、国際世論、同盟国や友好国の反応など、さまざまな要素を考慮しながら、事態のエスカレーションに対応して最適な意思決定を行なわなければならず、政治レベルからのマイクロマネジメントはある意味不可欠でもある。

また、ハイブリッド戦／グレーゾーンの事態においては、現状変更側はフェイクニュースなどのインフルエンスオペレーションを実行し、国内外双方の世論に影響を及ぼそうとするであろう。しかし、そうした試みに対しても、この状況であれば現状維持側は現場の状況を確実に把握することができるから、「正しい情報」を適切な方法で発信することで、インフルエンスオペレーションに対するカウンターを効果的に実施できる。このような状況は、いわば「事態が現場だけでなく『会議室』でも起きている」ので、このシナリオは「『会議室』でコントロールする危機」と呼ぶことができよう。

右下の第4象限は、〈「戦場の霧」の残存〉が当てはまるなかで、〈ハイブリッド戦／グレーゾーンの事態〉が主要な紛争形態となる状況である。ここでは、互いのセンサーやネットワークが妨害されているため、実際に展開している事態を把握することが双方ともに難しくなる。そうなると、第3象限のような、マイクロマネジメントを含んだきめ細かな危機管理は実施困難となる。

この場合に特に悪影響を受けるのは現状維持側であろう。現状変更側が何らかの行動を起こしても、それを把握することができず、どうしても対応は遅れることになる。そうなると現状変更側としては容易に既成事実化戦略を実行することができる。

また、この状況では、フェイクニュースなどのあらかじめ周到に準備されたインフルエンスオペレーションが非常に有効になる。現状維持側は、政府でさえも実際に何が起こっているのか把握できないであろう。世論操作に対抗するファクトを提供できない以上、周到に準備されたインフルエンスオペレーションが実施されれば、世論は大きな影響を受ける。このシナリオに名前をつけるとすれば、「現状変更側の天国」であろう。

このように、戦略的文脈（戦闘がハイエンド戦闘〔正規戦〕をとるか、ハイブリッド戦／グレーゾーンの事態をとるか）と技術的要因から一つずつ軸（ドライビングフォース）を選定して、二つの軸から将来戦のイメージを描いた場合、まったく違う戦場の姿が想定できることがわかる。

四つの象限のうち、一つの将来戦像に絞って資源（リソース）配分の優先順位を決めてしまうと、異なる象限が現実化した場合、対応は極めて難しくなることが容易に想像できる。だからといって、四つすべての将来戦像に備えることは現実的ではない。また、ここで描いた将来戦像は、現状維持側に有利なものと、現状変更側に有利なものとがある。実際の戦略の展開を、ある国と別の国の相互作用としてネットアセスメント的に捉えるとき、この違いの意味は大きい。

次章では、ネットアセスメント的分析とこの将来戦のシナリオプランニングを踏まえて、日本の防衛戦略の方向性を検討する。

（1）高橋杉雄「ＲＭＡと日本の防衛政策」石津朋之編『戦争の本質と軍事力の諸相』（彩流社、２００４年）２６５–２８４頁。

（２）Edward Warner, "Duuhet, Mitchell, Seversky: Theories of Air Warfare," in Edward Mead Earle, ed., *Makers of Modern Strategy: Military Thought from Machiavelli to Hitler,* (Princeton University Press, 1948), pp. 485-503.

（３）Daniel A. Byman and Matthew C. Waxman, "Kosovo and the Great Air Power Debate," *International Security,* Vol.24, No,4 (Spring 2000), pp. 5-38; Benjamin Lambeth, *NATO's Air War for Kosovo,* (RAND Corporation, 2001).

（４）A.J. Bacevich, *The Pentomic Era: The U.S. Army between Korea and Vietnam,* kindle edeition, (National Defense University Press, 1986).

（５）Robert Martinage, "Toward a New Offset Strategy: Exploiting U.S. Long-Term Advantages to Restore U.S. Global Power Projection Capability", (Washington, D.C.: Center for Strategic and Budgetary Assessment, 2014), p.49, http://issuu.com/csbaonline/docs/csba6102_offset_strategy_report_fin_12d361be465156?e=15123547/10908051.

（６）John M. Shalikashvili, *Joint Vision 2010,* (Joint Chiefs of Staff, 1996).

（７）Bill Owens with Ed Offley, *Lifting the Fog of War,* (Farrar, Straus amd Giroux, 2000).

（８）Lawrence Freedman, "The Transformation of Strategic Affairs," *Adelphi Papers,* Vol. 379 (November 2006).

（９）Freedman, *Strategy: A History.*

（１０）Williamson Murray and Allan R. Millet, eds, *Military Innovation in the Interwar Period,* (Cambridge University Press, 1996).

（１１）Allam R. Millet, "Patterns of Military Innovation in the Interwar Period," Murray and Millet, *Military Innovation in the Interwar Period,* pp. 329-368.

（１２）キース・ヴァン・デル・ハイデン、ロン・ブラッドフィールド、ジョージ・バート、ジョージ・ケアンズ、ジョージ・ライト著、西村行功訳『入門シナリオプランニング：ゼロベース発想の意思決定ツール』（ダイヤモンド社、２００３年）。

（１３）中前忠編『三つの未来：衰退か再生か、日本のシナリオ』（日本経済新聞社、１９９８年）。

（１４）Thomas G. Mahnken, "Weapons: The Growth and Spread of the Precision-Strike Regimen" *Daedalus,* Vol.140, Issue 3, (Summer 2011), pp,45-57.

（１５）Stephen Biddle and Ivan Oelrich. "Future Warfare in the Western Pacific: Chinese Antiaccess/Area Denial, U.S. AirSea Battle, and Command of the Commons in East Asia." *International Security,* Vol.41, No.1 (Summer 2016): pp. 7-46.

（１６）Eliot Cohen, *Supreme Command.*

第6章　これからの日本の防衛戦略

本書は、大国間関係が競争的な性格を強め、安全保障環境が悪化していくなかで、日本の安全保障戦略や防衛戦略がどうあるべきかを体系的に論じることを目的としている。

これまで戦略とは何か、日本の大戦略の方向性、ネットアセスメント的分析による日中の相対比較、将来戦のありようについてのシナリオプランニングといった論点から考察してきた。

本章では、これらの考察をベースに、日本の防衛戦略の具体的な方向性について検討する。

日本の防衛戦略の五つの前提条件

達成すべき目的と「失敗の定義」

日本の防衛戦略の各論を検討する前に、まず第2章で検討した、戦略を構築していくうえでの次の五つの課題について、日本の状況に合わせて確認してみる。

①戦略の複層性の正しい理解
②失敗が何かを定義できるレベルでの明確な目的設定
③明確なリソースの優先順位の設定
④ほかのプレイヤーを考慮に入れたネットアセスメント的発想
⑤環境への適合性と可変性

①の「戦略の複層性」については、第3章と第4章での日本のとるべき大戦略についての考察がベースとなる。そこでは、社会システムと地政戦略の二つのレベルで大国間競争が展開しており、日本の大戦略は、社会システムのレベルでは民主主義国家にとって「居心地のいい世界」を

構築していくことであり、地政戦略のレベルにおいて現状を維持していくことであると結論づけた。このうち社会システムにおける大国間競争においては、経済安全保障として進められている取り組みが始められているが、この面においては防衛力が果たせる役割はごく小さい。

一方、地政戦略における現状の勢力均衡を維持していくうえでは、防衛力は極めて重要な役割を担う。現状変更を図る側は、最終的には軍事力による秩序の変革を目指す可能性が高いからである。そのため、防衛力をどう構築し、どのように使うかを示す防衛戦略は不可欠な役割を担う。日本の大戦略は現状維持であるから、日本の防衛戦略は、大戦略における現状維持を達成することが目的となる。これをより具体的に定義することが、②の「失敗が何かを定義できるレベルでの明確な目的設定」となる。

日本の場合、維持すべき現状とは、日本の主権を維持すること、つまり尖閣諸島を含む日本の領土、領海、領空の現状を維持することとなる。さらに、日本が直接的に軍事行動を行なうわけでは必ずしもないが、同盟国である米国と連携しながら、台湾海峡や南シナ海についても現状を維持するための政策を展開していくことが必要となる。

それでは「失敗」はどのように定義できるだろうか。現状維持が目的であるから、「失敗」の定義はそれほど難しくない。単純に、現状が維持できず、現状変更側が望むかたちでの秩序の変革が現実化してしまった場合が、戦略の「失敗」と定義できる。逆に最善の結果は、抑止力が機能し、戦争に至ることなく現状が維持されることである。しかしながら、抑止は失敗することもある。そのため、戦略の目的としては、抑止を成功させるだけではなく、仮に抑止が破られ、現状変更側が軍事行動による秩序の変革を目指した場合は、それを阻止したうえで戦争終結にまで導き、元の国際秩序を回復することも含まれる。戦争を終結させられたとしても、元の国際秩序の回復にまで至らなかった場合には、戦略は「失敗」したと評価されるべきであろう。逆に、現状変更側の国家を完全に打倒して、民主化させるなどのレジームチェンジまでは戦略上の目的には含まれない。

③の「明確なリソースの優先順位の設定」だが、リソースが有限である以上、優先順位を設定してリソースを傾斜配分することは必須であり、これこそが戦略を構築する目的でもある。この点については次節で解説する。

④の「ほかのプレイヤーを考慮に入れたネットアセスメント的発想」は、ある国が戦略を実行するとき、他国も戦略を実行しており、戦略の実行プロセスにおいてはほかのプレイヤーとの相互作用が必然的に発生することから必要になる。この相互作用を自らが優位になるように展開させるには、比較優位と比較劣位をあらかじめ認識したうえで戦略を構築し、相手の出方に応じて

対応を変えていかなければならない。この点については、第4章で日米中の相対比較を行なったが、将来戦のありようについてのシナリオプランニングも踏まえながら、次節でより詳細に分析する。

⑤の「環境への適合性と可変性」は、戦略においては、原則的に「あらゆる状況に対応できる戦略」は無意味であることと関連する。そうした戦略からはリソース配分の優先順位を導き出すことができない。たとえば、中国が大きく変化し、現状変更を目指すような行動をまったくとらなくなるようなことが起こった場合には、防衛戦略の最適解は大きく変わるが、現状で、そうした大きな変化までも考慮して防衛戦略を構築する必要はない。大戦略に大きな影響を及ぼす情勢の変化が発生した場合は、大戦略のレベルから戦略を見直せばよいのであり、本書の射程の中で考慮する必要はない。

本節で見てきたように、戦略を構築していくうえでの五つの課題のうち、⑤は考慮する必要はなく、①と②はすでに検討が終わっている。そこで次節では、残された課題、③明確なリソースの優先順位の設定と、④ネットアセスメント的発想に基づく戦略構築について、より具体的に分析を進めていく。

シナリオプランニングから見える将来戦像

現状維持側が有利なシナリオと不利なシナリオ

前述したとおり、戦略の実行は相互作用的なプロセスである。一方が戦略を実行しているとき、もう一方も戦略を実行している。本書で扱う日本の防衛戦略においては、中国側も軍事戦略を立ててそれを実行している状況を考えなければならない。そのため、ネットアセスメント的分析に基づく比較優位・比較劣位の分析が大きな意味を持つ。

その観点から、第4章では日中の相対比較をネットアセスメント的手法に基づいて行なった。その結果、①大戦略、②地理的条件、③政治体制、④時間軸の四つの非対称性を導き出した。大戦略レベルでは日本は現状維持、中国は現状変更、地理的条件では日本に戦略的縦深が欠如している一方で、海洋による離隔を享受している。軍事行動の意思決定の基盤となる政治システムをみると、日本が民主主義であり中国が権威主義という違いがある。

さらに、軍事力について時間軸で見ると、戦域レベルに現在配備されている軍事力においては中国が一定の優位を築きつつある一方、米国がグローバルな増援をかき集めるまでの時間を稼ぐことができれば、日米同盟のほうが優位に立つことができる。

ここでは、こうしたネットアセスメントによる分析を加味して、第5章で示した将来戦の様相についてのシナリオプランニングによる考察を深めてみる。日中の比較優位・比較劣位をそれぞれのシナリオに当てはめてみることで、それぞれの優位を増幅するような状況を描き出すことができるからである。前章で示した図5-1「将来戦の姿としての四つのシナリオ」（175頁参照）とネットアセスメント的分析と組み合わせて考えることが有益な理由は、この四つのシナリオの中には、現状変更を志向する側にとって有利なものと、現状維持を志向する側にとって有利なものとがあることである。大戦略レベルにおける日本の目的が現状維持である以上、それぞれのシナリオがどちらに有利かは分析する価値がある。

右上の第1象限「新しい技術・変わらない軍事戦略」のシナリオでは、センサーの探知可能距離が限定される。そのため、戦場の近くにセンサーを配備しなければならないから、特にセンサーを配備できる土地をあらかじめ確保することができて、そこにやってくる現状変更側を迎え撃つことができる現状維持側にとって有利な状況である。左下の第3象限「『会議室』でコントロールされる危機」のシナリオも、ハイブリッド戦やグレーゾーンの事態の展開を迅速に把握し、適切な対応が可能になるという点で現状維持側にとって有利な状況である。

一方、左上の第2象限「PGMレジームの時代」のシナリオでは、遠距離の目標に対しても長距離精密誘導兵器による攻撃が可能であり、現状維持側が現在確保している土地を防衛しようとしても、遠距離から攻撃されて撃破される可能性が高い。そのため、ここでは現状変更側が有利となる。また、右下の第4象限「現状変更側の天国」では、「戦場の霧」が色濃く残っており、事態がどのように展開しているかを現状維持側が認識できないうちに既成事実化戦略によって現状を変えてしまうことが可能であることから、現状変更側が有利なシナリオとなる。

このように、ネットアセスメントを踏まえてシナリオプランニングを見てみると、現状維持側である日本にとっては、第1象限「新しい技術・変わらない軍事戦略」と第3象限「『会議室』でコントロールする危機」が有利な環境であることがわかる。

そうであれば日本としては将来戦がそちらの形態をとるように誘導していくのが一つの考え方として成立する。しかし、歴史的に見て将来戦の予測がほとんど外れていることからわかるように、将来戦の方向性を「誘導」するのは実際には難しい。そこでこの点について引き続いてもう少し細かく分析する。

まず、前述の四つのシナリオの縦軸である「戦闘がハイエンド戦闘（正規戦）の形態をとるか、ハイブリッド戦／グレーゾーンの事態の形態をとるか」は、構造的な要因によって規定されるのではなく、現状変更側の選択によって決定される。現状変更側は、「戦場の霧」が除去された状態であれば、ハイエンド戦闘を選択して「PGMレジーム」が大きな力を発揮できるようなかたちで現状に挑戦することができるし、「戦場の霧」が残存している状態であれば、ハイブリッド戦／グレーゾーンの事態を選択し、既成事実化戦略を中心として現状変更を試みることができる。どちらかを選択できるのは現状変更側の「特権」であり、現状維持側には選択のイニシアチブはない。

また、横軸の「戦場の霧」の度合いも、客観的に一義に定まるものではない。ハイエンド戦闘のことを考えても、双方が高度な宇宙・サイバー戦能力を持てば、お互いに「戦場の霧」が残存している「新しい技術・変わらない軍事戦略」のシナリオが双方に当てはまるが、宇宙・サイバー能力のバランスによっては、どちらかが「戦場の霧」を除去できて、もう片方はできていない非対称なかたちになる可能性もある。

「戦場の霧」をめぐる攻防

たとえば、中国側が高度なセンサーとネットワーク能力を持ち、また日本および日米同盟のセンサーとネットワークを十分に妨害できる宇宙・サイバー戦能力を有する一方で、日米側のネットワーク防護能力が十分でなかったら、中国側だけが「戦場の霧」を除去することができ、日米側は「戦場の霧」が残されたままで作戦行動をしなければならなくなる。

この場合は、中国だけが「PGMレジームの時代」のシナリオで戦い、日米は「新しい技術・変わらない軍事戦略」のシナリオの中に置かれる。この場合は長距離精密誘導兵器による攻撃が制約されるのは日米側だけであり、中国側は一方的に長射程精密誘導兵器による攻撃を行なうことができる。こうした状況で有効な防衛作戦を行なうことは困難であるから、日米は中国の固定目標に対する報復攻撃、特に都市や政経中枢を含めた懲罰抑止をオプションに入れなければ十分な抑止力を維持できなくなる可能性がある。

一方、逆に日米側だけが「戦場の霧」を除去できた状況だとすると、中国との地理的・戦略的条件の相違が重要な意味を持つ。この時は、日米側が「PGMレジームの時代」のシナリオにあり、中国側は「新しい技術・変わらない軍事戦略」のシナリオにある。この状況でも、中国側が現状変更の目標を達成するためには海を渡っての侵攻が必要となるが、そうした中国側の作戦行動に対して、日米側は長射程精密誘導兵器による攻撃を行なうことができる。しかし、中国側にとっては「戦場の霧」が残存しているため、日米の移動目標を長距離から攻撃することができない。そのため、日米の防衛部隊は中国の長射程精密誘導兵器の脅威にさらされずに作戦行動できる。もちろん中国は、それでも固定目標を攻撃できるが、それだけでは防衛部隊を排除し、目標となる島嶼を占領することは難しい。この場合には日米は懲罰抑止をオプションに組み込む必要はなく、縦深的な海洋防衛態勢を構築できれば十分な抑止・対処力を確保できる。

つまり、ハイエンド戦闘（正規戦）においては、「戦場の霧」を、自らだけが除去することができ、中国側が除去できないようにすれば、現状維持側である日米は非常に有利な状況を作り出せる。それだけ「戦場の霧」をめぐる攻防が戦略的に重要な意味を持つということでもある。仮に日米が「戦場の霧」を除去することができなくても、中国がそれを除去することを阻止できれば、双方が「新しい技術・変わらない軍事戦略」のシナリオの中で戦うことになる。この場合でも、日本のような現状維持側はすでにセンサーを設置するための「土地」を確保しているので戦略的に有利な状況にある。

このように考えていくと、いずれにしても、中国側の「戦場の霧」を除去する努力を妨害することができれば、現状維持側である日本側は有利なかたちで防衛態勢を構築できることがわかる。

そこで具体的な手段として考えられるのが宇宙・サイバー・電磁波能力である。これらを整備していく目標として、中国側の戦場認識能力を低下させる「拒否的能力」を重視することで、現状維持側である日本は大きな戦略的な効果をもたらすことが期待できる。

ハイブリッド戦／グレーゾーンの事態においても、このような非対称性は発生しうる。仮に中国側が一方的に「戦場の霧」を除去することができ、日米にとっては「戦場の霧」が残存している状態だとすると、ハイブリッド戦／グレーゾーンの事態が発生した場合、現地の状況は中国側だけが把握でき、日米側は把握できない状態となる。このときは中国側だけが「『会議室』でコントロールする危機」のシナリオにあり、日米側は現状維持側であるにもかかわらず「現状変更側の天国」のシナリオに置かれてしまうことになる。この場合、中国側だけが適時適切な行動をとれることになるから、文字通り現状変更側が有利な状況であり、現状維持側が目標を達成するのは困難であろう。

一方、日米が「戦場の霧」を除去できて「『会議室』でコントロールする危機」のシナリオにあり、中国側が「戦場の霧」を除去できず「現状変更側の天国」のシナリオにある場合も想定できる。この場合は、中国側の行動は日米側に直ちに把握されてしまう。そのため、日米側はマイクロマネジメントを含む対応措置を適切に実施することができる。もちろん、そうした対応を適切に実施できるかは実際に危機が発生した場合の意思決定のクオリティそのものに依存するが、少なくともそれが可能だということはできる。

ハイブリッド戦／グレーゾーンの事態と、ハイエンド戦闘における「戦場の霧」の攻防との違いは、ハイエンド戦闘においては、日米側の状況がどうあれ、中国側に「戦場の霧」が残れば現状維持側に有利になるのに対し、ハイブリッド戦／グレーゾーンの事態においては、「戦場の霧」は、中国側「だけ」に残る場合以外では、双方ともに残っている場合を含めて現状変更側に有利になることである。言い換えると、この場合は、いずれのパターンにおいても、日米側に「戦場の霧」が残っている限り、現状変更側が有利となる。そのため、ハイエンド戦闘における宇宙・サイバー・電磁波能力の重要な目標は、中国側の状況認識能力を妨害することになるのに対し、ハイブリッド戦／グレーゾーンの事態においては、相手の妨害よりも、自らの状況認識能力を高めることが重要になるといえる。

短期戦を阻止できれば日米が有利

以上の分析をまとめると、今後の日本の防衛戦略の方向性として以下のことが挙げられる。

まず、日本が中国との関係で活用すべき地理的・戦略的条件として、日本の大戦略が基本的に現状維持であり、また中国との間は海によって隔てられていることがある。そのため、仮に有事が発生しても、膠着状態に持ち込むことができれば、日本としては大戦略上の目的を達成できる。

軍事バランスにおいては、日本だけなら言うに及ばず、同盟国である米国を含めても戦域レベルでは劣勢にあるが、実際に有事が発生した場合には、米国はグローバルな戦力を集結させて反撃を図ることが予測される。そのため、日本としては、状況を膠着状態に持ち込むことで短期戦での決着を阻止できれば、米軍の来援によって状況を好転させることが期待できる。それに対して中国は、フェイクニュースなどのインフルエンスオペレーションによって米国の長期戦を戦う意思を減殺させようとするであろうから、この点についての対応は必要となる。

ただし、中国側が「戦場の霧」を除去でき、長射程精密誘導兵器の能力を効果的に発揮できる状況を作り出せた場合には、日本は膠着状態に持ち込むこと自体が困難になる。そのため、中国側の状況認識能力を低下させ、「戦場の霧」を除去できないようにすることが重要であり、日本の宇宙・サイバー・電磁波能力はこうした拒否的能力を重視すべきであろう。中国の長距離精密誘導兵器を無力化したうえで、海を渡って島嶼を占領しなければならない中国の部隊を迎撃するために、長射程対艦ミサイルを中心とする縦深防衛態勢を構築できれば、日本は十分な抑止力を担保できるであろう。

なお、ハイブリッド戦／グレーゾーンの事態においては、中国の状況認識能力に対する拒否的能力だけでは不十分である。前述したように、これらの状況に対しては、日本自らの状況認識能力を高めていく必要がある。

「願望」と「能力」のバランスをとる

膠着状態に持ち込み、米国の戦力集中の時間を稼ぐ

前述したように、戦略を構築していくうえで重要な論点は、「願望」と「能力」のバランスである。「願望」を達成できる「能力」があるかどうかを検討しないで構築された「戦略」は、戦略というより妄想に近いものとなろう。そこで第4章で検討した日本のリソース（145頁参照）と、前節で述べたネットアセスメントとシナリオプランニングを組み合わせた分析を照合することで、「願望」と「能力」のバランスがとれた防衛戦略の構築が可能かどうかを検討する。

空母を除く海空戦力を見た場合、中国の軍事力はすでに対米7割から8割の水準に達しつつある。確かに中国は空母においては劣勢にあるが、戦域ミサイル戦力の圧倒的優位と相まって、少なくとも戦域レベルで言えば、通常戦力のバランスは中国が有利に立ちつつある。米国は全体戦

力で言えば中国に勝るが、全世界に戦力を展開しなければならず、それをすべて中国相手に集中して運用できるわけではない。

もちろん、米国が兵力動員を行なう時間を持つことができれば、中国を上回る戦力で戦うことは不可能ではないが、中国がその時間を与えずに奇襲的に攻撃を行なった場合、中国のミサイル戦力によって西太平洋の戦力が撃破されてしまったあとで、ほかの地域の戦力が来援するという状況も想定される。そうなってしまうと、全体の戦力では勝る米軍とはいえども戦力を各個撃破されてしまう可能性もある。こうした点から軍事バランスだけを見ると、中国側がある程度優位に立ちつつある状況と評価せざるをえない。

しかしながら、ネットアセスメント的な分析を踏まえれば、日本側にも有利な条件はある。何よりも、海洋によって離隔されているという地理的条件と、大戦略レベルの非対称性、すなわち日本側が現状維持であり、中国側が現状変更であるという点は十分に活用していくべきである。こうした有利な条件から、東アジアで中国が戦端を開いた場合の日本の防衛戦略の基本目的は、中国が目的を達成するためには海洋を渡らなければならないという地理的・戦略的条件を利用して状況を膠着状態に持ち込み、米国のグローバルな戦力集中までの時間を稼ぐということになろう。

そういった意味で、日本はこれまでと同様に防御的な防衛態勢を中心としながら、一定の反撃能力を備えていくことが望ましいといえる。反撃能力が必要な理由は、純然たる防御的な防衛態勢だと、一度撃退されたとしても、中国側は改めて態勢を立て直して再侵攻することができるからである。それを防ぐためには、態勢を立て直すのを妨害するための反撃能力が不可欠となる。

「攻者三倍の法則」――中国の三分の一程度の防衛費を維持する

しかしながら、戦力格差が開きすぎると、防御的な防衛態勢でも守り切れなくなってしまう。この観点で、軍事戦略においては、攻撃側は防御側に対して三倍の兵力が必要とされるという「攻者三倍の法則」があることを指摘しておきたい。

ここで、日本の大戦略が現状維持であることが効いてくる。日本と米国は、中国本土に対する攻勢的な外征作戦を行なう必要はない。防御的な作戦によって現状を維持できれば目的は達成できる。そう考えると、今後の日本の防衛費の水準として、中国が「攻者三倍の法則」を満たさない条件、すなわち中国の国防費の三分の一以上、二分の一を少し下回る程度を一つの目安として考えることもできる。日本がその水準を維持できれば、日米同盟と相まって、防御するうえで十分な能力を維持することができるだろう。

もちろん、日本は米国と同盟関係にあり、在日米軍および増援を期待することができるが、自国領土の防衛は一義的には日本が責任を持つ。実際、日米防衛協力のための指針（ガイドライン）にも、「日本は、日本の国民及び領域の防衛を引き続き主体的に実施し、日本に対する武力攻撃を極力早期に排除するため直ちに行動する」と記されている。日本は大国間競争の当事者でもあるし、日米同盟において、米国は同盟国である日本の防衛義務に基づき行動するが、それは日本の「代わりに」戦ってくれることを意味するわけではない。

２０２１年の数字を用いるなら、日本の防衛費が仮にＧＤＰの約2パーセント、すなわち約10兆円であれば、中国との比率は1対２・１となる。ただし、中国の国防費はこれまでも伸びてきたし、これからも伸びていくであろう。中国の国防費のこれからの伸びを考慮するならば、その三分の一程度を一つの目安として考えれば、２０２２年に決定したとおり、防衛費の水準として、各年度10兆円規模にしていくことは必要であろう。

防衛費の規模を10兆円規模にしていけば、中国側は「攻者三倍の法則」を満たせなくなり、防衛作戦に十分な能力を整備できる可能性が高くなる。つまり、防衛費を10兆円程度に増額していけば、日本の戦略上の比較優位を十分に活かすことができ、「願望」と「能力」のバランスがとれたかたちでの防衛戦略を支えることができると考えられる。さらに宇宙・サイバー・電磁波能力を組み合わせて行くことで、将来戦を「新しい技術・変わらない軍事戦略」と「『会議室』でコントロールする危機」の二つのシナリオに向けて防衛力を構築していけば、現状維持という戦略上の目的を達成できるだろう。逆に言えば、防衛費をそれくらいまで増額できなければ、日本はネットアセスメント的分析に基づく有利な条件を活用できず、中国が正面戦力の優位を活かせる状況になってしまうリスクがある。

こうして考えると、日本として、「願望」と「能力」のバランスがとれたかたちで戦略を追求することは十分に可能であるといえる。そのことが、日本が防衛費の増額を決めたことの戦略的意義であると言える。最終章では、具体的にどのような防衛戦略を採っていくべきかを考えていく。

第7章　統合海洋縦深防衛戦略

前章で、ネットアセスメントとシナリオプランニングに基づき、「攻者三倍の法則」を保持できれば、「願望」と「能力」のバランスのとれた防衛戦略を日本は構築できることを示した。ただ、その前提として、防衛費をＧＤＰ２パーセント程度、すなわち10兆円程度に増額することが必要であるとも論じた。ただし、やみくもに数値目標を定めて防衛費を増大させることが望ましいことではない。日本の安全保障をめぐる環境を改善できるようなかたちで防衛費を増大させるには、日本の比較優位を十全《じゅうぜん》に活かしたかたちで防衛力を構築していく必要がある。

本章では、具体的にどのような兵力構成を目指すのか、どのような能力をどのようなかたちで使うのか、それによってどのような戦略的効果が達成されるかを論理的に示していく。

中国の「セオリー・オブ・ビクトリー」

困難をともなう「渡洋上陸作戦」

防衛戦略を考えるうえで重要なのが、「セオリー・オブ・ビクトリー」という概念である。これは、軍事専門家の間で最近よく言及される概念で、抑止が破れて戦争になってしまった場合に、どのように戦って戦争の目的を達成するかという「戦い方」を表す。

第1章で述べたように、一般的に安全保障に関わる戦略は、大戦略→軍事戦略→作戦計画という階層構造にあるが、「セオリー・オブ・ビクトリー」とは、このうち軍事戦略と作戦計画との中間に位置づけられる。これは日本語に置き換えにくい概念なのだが、あえて言えばサッカーでいう「ゲームモデル」や、プロ野球の「勝利の方程式」に語感としては近い。スポーツと同じように、「セオリー・オブ・ビクトリー」を構築できれば、特に重要な能力を把握することができる。そうすれば、それらの能力を「どのようなかたちで使うのか」「現状では何が足りないのか」を明確化することができる。

その意味で、「セオリー・オブ・ビクトリー」とは、防衛戦略の背骨をなす。同時に、戦略が相互作用的なプロセスであることを考えれば、相手の「セオリー・オブ・ビクトリー」も考慮に入れたうえで、自らの「セオリー・オブ・ビクトリー」を作り上げていく必要がある。特に日本は現状維持側であり、中国のような現状変更側の戦い方にリアクションするかたちで防衛作戦を行なうことになるから、相手側の「セオリー・オブ・ビクトリー」を踏まえることは不可欠である。

そこでまず中国の「セオリー・オブ・ビクトリー」を考えてみる。

中国の大戦略上の目的は現状変更であると考えられる。それは東シナ海や南シナ海にも当てはまるであろうが、なかでも台湾統一が最も重要なものであろう。だとすれば、人民解放軍の軍事戦略は台湾統一を目指すものであることは自明である。そのための軍事作戦の指針が、中国の「セオリー・オブ・ビクトリー」である。

ただ、軍事戦略のレベルで必要となることは、台湾を対象とするものであれ、東シナ海を対象とするものであれ基本的には大きくは変わらない。海洋を渡って陸上部隊を送り込んで島嶼を奪取し、自らの支配下に置くことであろう。そうすることで地政戦略的な現状を物理的に変革できる。

しかしながら、軍事作戦としてみれば、海洋を渡って上陸作戦を行ない、上陸した先の島嶼を支配するにはかなりの困難がともなう。歩兵であれ戦車であれ砲兵であれ、陸上戦闘部隊は単独では海を渡れないから、船に乗って運ばれるしかない。つまり船が沈められてしまえば、乗船していた陸上戦闘部隊は、まったく戦う機会が与えられないまま、船ごと撃破されてしまう。海上を航海中の船は、陸地で塹壕に立てこもって相手の攻撃を避けるようなことができない。遮蔽物のない海では簡単に敵に発見されてしまうし、発見されて対艦ミサイルを撃ち込まれれば沈められてしまう。

海上を無事に突破できても、上陸先の陸地で待ち受けている防御部隊からの攻撃を受けながら部隊を陸揚げし、海岸堡を作って拠点を確保し、防御部隊の抵抗を排除しながら内陸部へと進攻していかなければならない。さらに、上陸に成功したあとも、防御部隊は海上戦力や航空戦力によって上陸部隊への海上補給線を攻撃しようとするであろう。補給を断たれれば上陸部隊は孤立して壊滅する。それを防ぐためには、進攻側は防御側の妨害を排除しながら、上陸部隊への海上補給線を維持しつづけなければならない。

このように、多くの困難を克服しつつ行なう必要のある渡洋上陸作戦は、軍事作戦の中でも最も複雑なものである。中国の「セオリー・オブ・ビクトリー」とは、この困難な作戦を可能とするための「勝利の方程式」ということになる。

弾道・巡航ミサイルで航空優勢を獲得

こうした渡洋上陸作戦を成功させるうえでの最低限の必須条件は航空優勢の確保である。多数の空母を擁している米軍は、空母艦載機で航空優勢を確保することで上陸作戦を行なうことができる。しかしながら中国の空母は数が限られており、米軍のようなかたちで空母によって航空優勢を確保することはできない。むしろ航空優勢を確保しようとする米軍の空母を排除しなければ、自らの作戦に必要な航空優勢を獲得することができない。米軍が航空優勢を獲得すれば、中国はそもそも渡洋進攻を行なうことができない

そこで中国が重視しているのが戦域ミサイル戦力である。第4章のネットアセスメント的分析で示したとおり、アジア太平洋地域の地理的特徴として、米中間には顕著な非対称性があることが指摘できる。中国が大陸にあって戦略的縦深を享受している一方で、米国の軍事プレゼンスは、日本列島と、そこから遠く離れた島であるグアムによって支えられており、著しく縦深性を欠いている。

そもそも策源地である米国本土は太平洋によって隔てられており、その分安全ではあるが、極めて遠隔にある。こうした地理的な非対称性が軍事面に及ぼす影響は、航空優勢を獲得するための米軍の戦力の大きな柱である陸上配備型の戦術航空機が使用できる航空基地の数が限られてい

ることと、それが日本列島から沖縄列島線に連なり、戦略的縦深性を欠いていることである。

自らが望むタイミングで、望む空域を使えることが航空優勢という状態だが、それを達成する最も効果的な方法は相手の航空機を排除することである。そのための方法は、相手の戦闘機を空中戦によって上空で撃破することだけに限らない。飛行場にいる間に対地攻撃ミサイルで撃破したり、飛行場そのものを使用不能に追い込むことでも獲得できる。そのために、中国は多数の弾道・巡航ミサイルを配備している。[1] 米軍が得意とする戦闘機同士の空中戦を避けながら、これらのミサイル戦力で台湾や日本のレーダーや航空基地の滑走路を破壊することでも、中国は航空優勢を獲得することができる。特に、西太平洋における米軍の航空基地は、数が少なく縦深性が欠如しており、中国の巡航・弾道ミサイルによる攻撃に対する脆弱性が極めて高い。

ただし、中国が航空基地などをミサイルで攻撃するとなれば、非常に高い命中精度が必要とされる。核弾頭を使うのでなければ、滑走路に穴を空けるためには、滑走路そのものにミサイルを直撃させせなければならないからである。この観点で、一般にアクセス可能な衛星写真から中国のミサイルの命中精度を分析したのが、米国のトマス・シュガートである。[2] シュガートは、中国が国内に日本の横須賀基地、三沢基地などを模したターゲットを設置しており、それらに向けたミサイルの実射試験を行なっていることを明らかにした。それらのターゲットには、横須賀に停泊

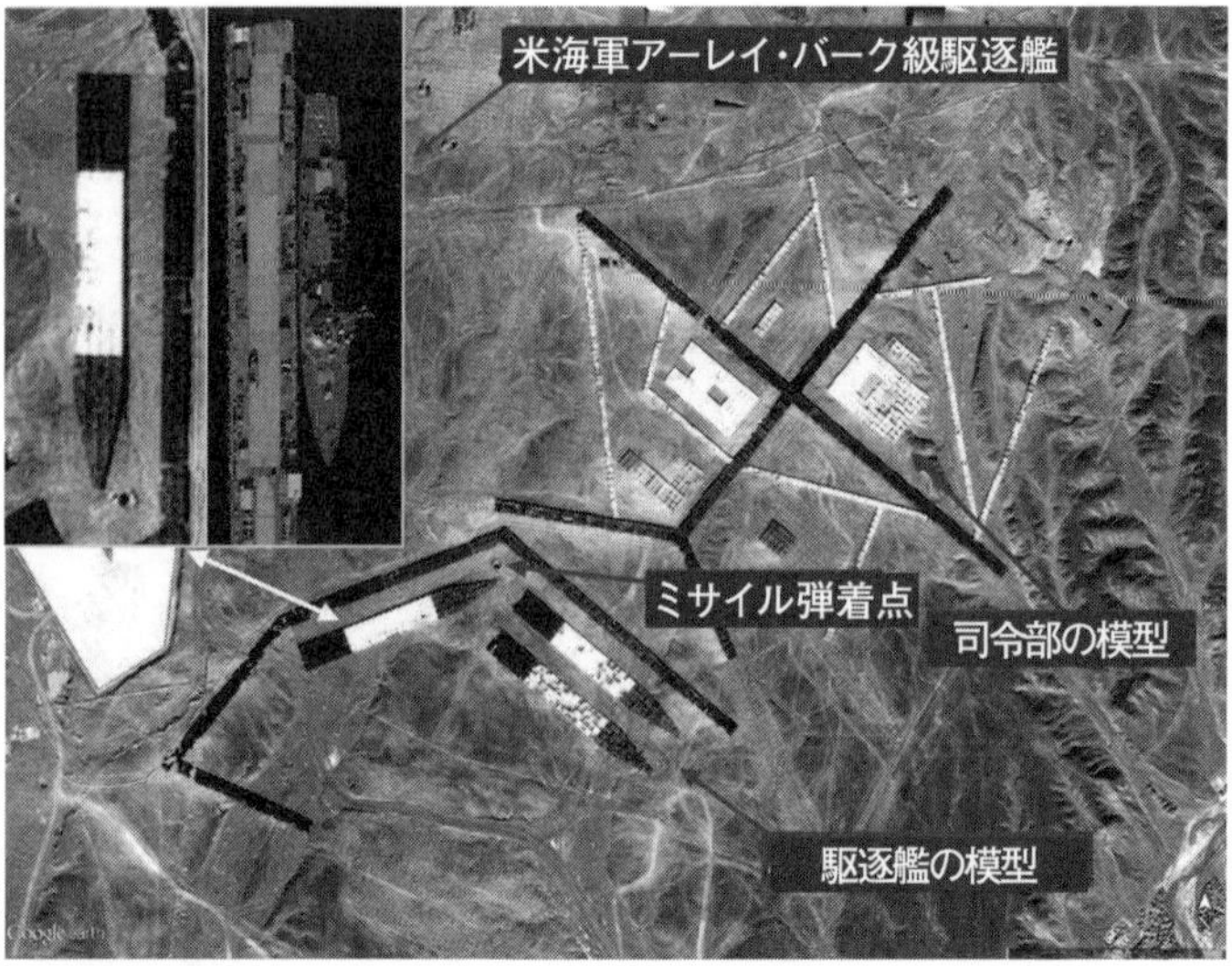

横須賀基地を模した中国のミサイル実射試験場（Thomas Shugart）

している艦艇、三沢の格納庫などが再現されている。そしてシュガートは、これらのターゲットにピンポイントで弾道ミサイルが弾着している形跡があることを示した。これらの公開情報から、中国のミサイルは目標にピンポイントの直撃が可能な、非常に高い命中精度を持っていることが推測できる。

つまり、西太平洋の航空基地などの滑走路は、中国側のミサイルによる第一撃によって航空機運用能力のほとんどを失ってしまう可能性が高いのである。もちろん、地上の航空基地が撃破されても、米軍は空母によって航空戦を戦うことができる。しかし、それに対しても中国は、対艦弾道・巡航ミサイルで米国の空母を撃破したり、接近を阻止することができ、航空優勢を獲得できる可能性が高い。

航空優勢を獲得したあとは、上陸部隊を積載した船舶が海を渡れるように海洋を制圧する必要がある。一方、防御側は全般的な航空優勢を失ったとしても、水上艦からの長射程の対艦ミサイルや潜水艦からのミサイルや魚雷による対艦攻撃が可能である。中国側は、それらを排除しない限り、上陸部隊を安全に海上輸送できないため、航空優勢を利用して航空機による対艦攻撃を行ない、防御側の艦艇を撃破したり、対潜哨戒機や対潜艦艇で潜水艦も排除していくであろう。

こうして上陸部隊を安全に海上輸送できる環境を確保して初めて上陸作戦が開始される。もちろん、上陸部隊が乗船した船舶に対して、防御側は地上からの対艦ミサイルによる攻撃を試みるであろう。それに対して中国側は、防空システムによって対応していくと同時に、航空優勢を利用して有人機や無人機による攻撃を行ない、発射機を無力化していくであろう。防御側が対艦ミサイルを発射する際にはあらかじめレーダーで目標の艦艇を捕捉する必要がある。中国側がそのレーダー波を捉えたうえで、対レーダー攻撃能力を持つ自爆型ドローンを飛行させれば、地上から上陸部隊を迎撃しようとする対艦ミサイルを無力化できる。中国側が航空優勢を獲得している状況であれば、こうした自爆型ドローンはかなりの威力を発揮するものと予測される。また、機雷も敷設されているであろうから、中国側は掃海も行なわなければならない。掃海作戦も容易ではないが、航空優勢を獲得できているならば不可能ではない。

このように、渡洋進攻作戦に対してはさまざまな段階で防御側が抵抗する。逆に言えば、攻撃側は、これらの抵抗を一つ一つ排除していかないと、陸上部隊を目標に陸揚げするための上陸作戦を成功させることはできないのである。

こうしたことを踏まえると、中国の「セオリー・オブ・ビクトリー」は、次のように要約できる。まず弾道ミサイル・巡航ミサイルによる第一撃によって米国の前方展開航空基地を撃破し、対艦弾道ミサイルによって米空母を無力化し、航空優勢を獲得する。この航空優勢をベースに海上においても優勢を確立する。この全プロセスにおいて宇宙・サイバー能力による支援を受けつつ、最終的には上陸部隊が台湾海峡を押し渡り、台湾における地上戦に勝利する、というものであろう。(3) これらの中で鍵となるのは航空優勢の獲得であり、そのための死活的な構成要素が弾道・巡航ミサイルである。それによって地上の航空基地と空母の双方を無力化することが、中国の「セオリー・オブ・ビクトリー」の前提条件となる。

ただし、ミサイル攻撃自体は中国の軍事戦略の「手段」であって「目的」ではない。ミサイル攻撃に続いて海空における優位を確立し、上陸作戦を成功させない限り、中国は政治的目標を達成できない。中国の軍事戦略の目的は、あくまで地上部隊を渡洋進攻させて現状を物理的に変革することである。これは、東シナ海有事はもとより、台湾海峡有事を抑止することを目的に日本および日米同盟の「セオリー・オブ・ビクトリー」を考えるうえで重要な前提となる。なぜなら、日米は、中国のミサイル攻撃そのものを阻止できなくても、その後の海空における優位の獲得、あるいは最終的に上陸作戦を阻止できれば、現状維持という大戦略および防衛戦略上の目的を達成できるからである。これが、大戦略上の非対称性によって日米にもたらされる戦略上の利点である。

日本の「セオリー・オブ・ビクトリー」

中国の航空優勢獲得を阻止する

前節で述べたように、中国の「セオリー・オブ・ビクトリー」は比較的明確に推測できる。現在中国が保有している能力を踏まえて考えるなら、まず地上発射型弾道・巡航ミサイルや対艦弾道ミサイルによって米国の航空戦力に打撃を与え、引き続き航空機による航空優勢を確立し、海上戦力によって台湾海峡近傍の海域を制圧、続いて上陸部隊が台湾海峡を押し渡るというものであろう。そうであれば、前線の航空基地が撃破され、また空母も近づけない状況で、中国の航空優勢確立の阻止、海域制圧の阻止、あるいは上陸作戦の阻止をいかにして行なうかが、日本および日米同盟の「セオリー・オブ・ビクトリー」の課題となる。

まず航空優勢確立の阻止から見てみよう。中国は、おそらくレーダーサイトのようなソフトターゲットに対して巡航ミサイル、滑走路やバンカー（コンクリート製の防護された格納庫）のようなハードターゲットに対しては弾道ミサイルを用いて第一撃を行なうと予測される。弾道ミサイルは極めて高い高度から落下してくるために地上到達時の速度が大きく、貫徹力の高い弾頭を用いることによって分厚いコンクリートをも破壊できるからである。前述のとおり中国が保有するこれらのミサイルは命中精度も極めて高く、西太平洋方面の航空基地や空港は第一撃で航空機運用能力を失ってしまう可能性は高い。

こうして日米や台湾の航空基地などを撃破したあと、中国は相手の戦闘機の妨害を受けないかたちで自らの航空機で攻撃を行ない、航空優勢を確立しようとすると考えられる。逆に言えば、中国のミサイル攻撃によって、西太平洋の航空基地が無力化されてしまった場合でも、中国大陸の航空基地群を無力化できれば、中国は航空作戦を行なえないということでもある。そうなれば、日米同盟は中国が航空優勢を確立するのを阻止できよう。大戦略レベルにおいて、日米側が

巡航ミサイル「トマホーク Block V」(Raytheon)

現状維持、中国側が現状変更であるから、双方ともに航空優勢を確立できず、状況が膠着状態に陥れば日米側は戦略目的を達成できる。

２０２２年12月に日本は反撃能力の保持を決定したが、その整備までの間はそれは米国の役割になる。ただし、現在の米国の戦域打撃能力の中心は海洋・空中発射型の巡航ミサイルである。巡航ミサイルは、亜音速で飛行するためにハードターゲットに対する貫徹力が弱く、滑走路やバンカーを破壊することは難しい。実際、２０１７年に米国が行なったシリアの航空基地攻撃において、59発もの巡航ミサイルで攻撃された航空基地は数日後には作戦能力を取り戻していた。航空基地そのものを破壊できないのであれば、中国は機体を機動的に分散退避させることによって、巡航ミサイル攻撃による損害を局限できる可能性が高い。

米国は、ハードターゲットへの貫徹能力を持つ極超音速兵器の開発も進めているが、最も進んでいるLRHW（長射程極超音速兵器）でも研究開発段階にある。[4] そう考えると、中国がミサイル攻撃後に航空優勢を獲得するのを阻止することは、少なくとも近い将来では難しいと考えざるをえない。

海上制圧と上陸作戦の阻止

第二に、海上制圧の阻止である。このために必要なのは、対艦ミサイルによって中国艦艇を撃破することである。米国のイージス艦のような、多目標同時処理が可能なフェーズドアレイレーダーを積んだ防空能力の高い艦艇を対艦ミサイルによって攻撃するには、艦艇側の防空能力を飽和させるために多数のミサイルを同時発射するのが鉄則である。中国も現在ではフェーズドアレイレーダー搭載の防空艦を配備しているから、日米側も多数のミサイルで飽和攻撃を行なう必要がある。

ただし、中国のミサイル戦力の優位を考えれば、航空優勢は中国側が獲得していることを前提とせざるをえない。そのため、相手側の航空優勢下でそうした作戦を行なえる態勢がなければ、中国側が海上を制圧するのを阻止できない。つまり、この場合には潜水艦や長射程の対艦ミサイルが鍵となる。

第三に、上陸作戦の阻止である。上陸作戦の阻止には具体的には二つの方法がある。一つは、上陸船団そのものを攻撃することであり、これは第二の海上制圧の阻止と同様の能力で実行できる。もう一つは、上陸部隊の装備や補給物資の集積地を攻撃し、上陸後の陸上戦闘能力を減殺させることである。この場合、ターゲットは強固に防護されていないから、滑走路や防護された格納庫を破壊するよりは難易度が低い。具体的には、既存の海洋・空中発射型巡航ミサイルの大量投入によっても実行可能である。

このように考えを進めていくと、日本の「セオリー・オブ・ビクトリー」として目指すべきものがある程度明らかになってくる。大まかに言えば、中国のミサイル攻撃そのものを阻止するのは難しいから、ミサイル攻撃を受けたあと、残存している部隊で中国側の航空優勢や海上制圧を阻止し、上陸作戦ができないようにすることである。

これまで航空優勢の阻止、海上制圧の阻止、上陸作戦の阻止の三つの方法があることを指摘したが、中国の航空基地が中国大陸に縦深的に配置されていることと、具体的な攻撃手段の限界を考えると、航空基地を撃破することで航空優勢を阻止することは難しい。そう考えると、ミサイル攻撃を受けたあと、残存した兵力で中国艦船を撃破し、中国が海上を制圧するのを阻止することで、その後の上陸作戦を阻止していくことを、「セオリー・オブ・ビクトリー」の基本的な骨格として導き出すことができるだろう。

新たな「統合海洋縦深防衛戦略」

前提となる三つの戦略的分析

前述の「セオリー・オブ・ビクトリー」を中核として、日本の防衛戦略を考えてみたい。前提となる戦略的分析は次の三つである。第一に、大戦略レベルにおいては、日米が現状維持であり、中国が現状変更である。日本の目的が現状維持である以上、万一有事になっても、中国を打ち負かす必要はなく、膠着状態に持ち込めば目的は達成できる。

第二に、軍事バランスの評価として、戦域内バランスでは中国が有利にある。その大きな柱が戦域ミサイル戦力である。しかし、米国のグローバルな戦力を含む戦域外バランスは日米が有利にある。そのため、短期戦になれば中国有利の決着となる可能性が高いが、長期戦に持ち込めれば日米が有利となる。以上の観点から、日本の防衛戦略の目的として、短期戦で決着がつかないよう、膠着状態に持ち込み、米軍来援までの時間を稼ぐことが設定できる。

第三に、短期戦で劣勢に立たされるが、長期戦では有利になるとすれば、「戦う意思」が重要になる。特に、米国が長期戦を戦い抜く意思を失わないよう、日米の一体感を維持するためにあらゆる努力を払う必要がある。

海洋防衛能力の強化——対艦ミサイルによる飽和攻撃

ここでは、前述の三つの戦略的分析をベースに日本の防衛戦略の一つの方向性を示す。

ポイントは、中国のミサイル戦力の優勢を前提としたうえで、それに直接対抗するのではないことである。というのも、中国のミサイル戦力を無力化するのは極めて難しいからである。中国はすでに2000発近くのミサイルを配備しているとみられるが、これだけの数のミサイルに、現在の運動エネルギー迎撃体によるミサイル防衛システムで対抗するのは、単純に数の問題として不可能に近い。ある程度の可能性があるのは、指向性エネルギー兵器を用いた第2世代のミサイル防衛システムであろうが、これは現時点では存在しておらず、研究開発から始めなければならず、実現までにはかなりの時間を要し、また膨大なコストを要するものとなろう。

しかしながら、それは戦略における目的である現状維持を不可能とするほどの問題ではない。

なぜなら、ミサイル攻撃それ自体はあくまで「手段」であって「目的」ではないからである。中国側の「目的」は現状の変更であり、日本側の「目的」は現状維持である。したがって、ミサイル攻撃を受けたとしても、現状の維持が可能であるようなかたちでの「セオリー・オブ・ビクトリー」を構築できればよい。

その観点から鍵になるのが、海洋防衛能力である。これを強化して、ミサイル攻撃後に想定される中国の渡洋侵攻を不可能にすれば、中国側の戦略上の「目的」の達成は不可能となり、日本側の「目的」は達成される。

中国の「セオリー・オブ・ビクトリー」は、まず第1段階でミサイル攻撃を行ない、第2段階で航空優勢を獲得し、第3段階で海上を制圧し、第4段階で上陸作戦を行なうものと考えられる。このうち第1段階のミサイル攻撃を阻止するのは難しく、現状で想定しうる日米の対地攻撃能力では第2段階の航空優勢獲得を阻止するのも困難である。一方、第3段階で中国の海上戦力を撃破することは、ほかのオプションに比べれば実現の可能性が高い。これは必要とされるミサイルの数を比較しても明らかである。

第2段階で防御側が有効な対地攻撃を行なうには、非常に多くのミサイルが必要となる。現代戦史で見ても、イラク戦争では1000発以上、ロシア・ウクライナ戦争では2022年11月末の段階で3500発以上が使われている。広大な中国相手に対地攻撃を行なうとすればこれらをさらに上回る数のミサイルが必要になることは容易に予想されるが、巡航ミサイルの破壊力の限界に加え、それだけの数のミサイルをそろえることは極めて難しい。一方で、対地攻撃でなく、対艦攻撃にミサイルを使う場合には状況は異なる。艦艇に対して多数のミサイルを同時発射した場合、フェーズドアレイレーダーを搭載した防空艦であっても、洋上防空を完璧に行なうことは非常に難しく、数百のミサイルを同時に発射できればかなりの艦艇を撃破することが可能になる。どんな防空艦でも、レーダーの処理能力の限界などから、飛来する対艦ミサイルに対する同時対処能力には上限がある。この上限を超えるような攻撃を飽和攻撃と呼ぶ。これは多数のミサイル発射を必要とするが、数千の所要数が予測される対地攻撃と比べれば一ケタ少ない数で実行可能である。飽和攻撃への対処は難しく、その意味で、費用対効果の高いオプションといえる。

飽和攻撃によって中国の海上戦力を撃破できれば、中国は後続の上陸作戦を実施できなくなる。つまり中国の目的達成を阻止できるのである。このように、中国の「セオリー・オブ・ビクトリー」を考慮し、またネットアセスメントに基づく有利な条件を活かす観点に立てば、防衛戦略の主眼は相手の海上戦力を撃破することとすべきであろう。

ただし、これは海上自衛隊に主要なリソースを集中的に配分すべきということではない。陸上、海上、海中、航空すべてのプラットフォームから、対艦ミサイルによる飽和攻撃を縦深的に行なえるような防衛力を整備し、防衛態勢を構築し、実際の作戦を準備していくということである。

対艦ミサイル部隊の残存性を高める

対艦ミサイルによる飽和攻撃の戦い方においては、二つのことが重要となる。

一つは、中国のミサイル攻撃に対する、日本側の対艦ミサイル部隊の残存性を高めていくことである。ミサイル攻撃によって航空優勢を中国が獲得するとすれば、中国の航空優勢下でも作戦行動を可能なかたちで対艦ミサイルを配備しなければならない。そのためには、水上艦艇よりも、後方の航空基地から作戦する航続距離の長い航空機からの長射程対艦ミサイルや、地上の移動式ランチャーを組み合わせたかたちが必要となろう。さらに、中国にとっての「戦場の霧」をできるだけ濃くし、日本領域内に存在する移動目標について正確な位置を把握できないようにさせることが重要になる。

もう一つは、海上に展開する中国艦船の位置を正確に把握することである。その意味で、自分たちにとっては「戦場の霧」が薄くなるように志向していかなければならない。この二つにおいて重要な意味を持つのが、宇宙・サイバー・電磁波能力である。このように「戦場の霧」をコントロールする観点から、陸海空の伝統的な戦闘領域を超えた「新領域」と称される宇宙・サイバー・電磁波能力を統合的に整備し、作戦を実行していくことが求められる。

筆者は、これを「統合海洋縦深防衛戦略」と名づけることとしたい。中国のミサイル攻撃戦力の優位を前提とするが、ミサイル攻撃を受けてもできるだけ多くの対艦攻撃能力を残存させ、陸上、海上、海中、空中のすべてから長射程の対艦ミサイルで縦深的に飽和攻撃を行ない、中国側の海上制圧を阻止して、戦線を膠着化させることがその狙いである。

日本の大戦略は現状維持である。仮に抑止に失敗して戦争が発生してしまった場合でも、海上において状況を膠着化させることができれば、目的を達成できる。さらに、膠着している間に世界中に展開している米軍の来援が期待できる。そうなれば、有利なかたちで戦争を終結に導くことができよう。

統合海洋縦深防衛戦略を実現するためのリソース配分

第1章と第2章で述べたように、戦略にはリソース配分の優先順位が含まれなければならない。そこで、最後に、「統合海洋縦深防衛戦略」を実現していくためにリソース配分を優先して行なうべき分野として、次の四つを示す。

宇宙・サイバー・電磁波能力の強化

第一は、中国の長射程精密誘導攻撃の効果を減衰させるための宇宙・サイバー・電磁波能力の強化である。宇宙・サイバー・電磁波は、すでに2018年に策定された防衛大綱において防衛力の主要な要素として位置づけられている。ここでは、その能力をさらに整備していくうえでの具体的な目的として、中国の状況認識能力を減殺させ、中国側に「戦場の霧」を残存させることを設定したい。つまり、やみくもに宇宙・サイバー・電磁波能力を強化するということではなく、中国にとって「戦場の霧」を濃くすることを重視するということである。具体的には、中国の宇宙配備の地上監視センサーを盲目化したり、探知能力を低下させるためのジャミング能力や地上からのレーザー照射能力の強化、中国のネットワークの信頼性を低下させるための軍事的サイバー攻撃能力の強化が含まれる。

また、中国の長射程精密誘導兵器の中には、衛星測位技術を使用していると推測されるものが多い。これらの効果的使用を阻止する観点から、中国が使用しているとみられる衛星測位システム「北斗」や、補助的に使用する可能性があるロシアの「グロナス」に対するジャミング能力を整備していくことも有効である。これらを整備できれば、終末誘導段階で中国の精密誘導兵器が有効に機能しなくなることが期待でき、彼らの打撃力を減殺させることができる。

対艦ミサイル攻撃能力の強化

第二は、海洋縦深ミサイル攻撃態勢の整備である。ここでポイントになるのは「縦深」である。

台湾であれ、尖閣諸島であれ、先島諸島であれ、中国は「海を渡って」目標の島嶼を占領しなければ、戦略上の目的を達成できない。中国の軍事力の比較優位は対地攻撃用の短中距離ミサイルの質的・量的優位にあるが、繰り返し述べているように、それらによって日米側の施設やアセットが破壊されても、それだけでは中国は戦略目的を達成できない。それらのミサイル攻撃はあくまで中国の上陸部隊による渡洋侵攻を成功させるための手段でしかないのである。

ステルス性を高め射程の延伸が図られる12式地対艦誘導弾（防衛省）

だとすれば、ミサイル攻撃そのものを阻止できなくても、渡洋侵攻を阻止できれば、中国の戦略目的達成を阻止でき、戦況を膠着状態に持ち込める。そのために重要な能力が対艦ミサイル攻撃能力である。

しかし、これまで述べてきたような理由で、これらの能力は中国の航空優勢下で運用しなければならない可能性が高い。また、固定施設は、第一撃として行なわれる中国のミサイル攻撃を受けることも考慮しなければならない。さらに、飽和攻撃を行なうためには、数百単位のミサイルを同時に発射しなければならない。

そう考えると、水上艦艇、潜水艦、航空機、地上配備型ミサイルランチャーなど、さまざまなプラットフォームを組み合わせて、ミサイルの数を確保していく必要がある。また、水上艦艇や航空機から発射される対艦ミサイルは、中国の航空優勢圏外から発射可能な、相当長い射程距離が必要となろう。地上発射型の対艦ミサイルも、移動式にすることでミサイル攻撃に対する生存性を確保する必要がある。ただし、日本が現在保有している地上発射型の対艦ミサイルは、現状ではほかのプラットフォームと組み合わせて飽和攻撃を実行するには射程が不足するため、射程1000キロメートル程度の対艦ミサイルを開発・配備する必要もある。潜水艦発射型の対艦ミサイルであれば、中国の航空優勢圏内からの発射が可能かもしれないが、海中に潜む潜水艦とは通信をリアルタイムで確保するのが難しいから、ほかのプラットフォームと攻撃時間を合わせて飽和攻撃を行なうのは難しいことに考慮が必要である。

さらに、ミサイルだけを整備しても有効な対艦攻撃を行なうことはできない。ターゲットとなる相手の艦艇の位置を把握できなければ、ミサイルを命中させるどころか、そもそも発射することができない。そのためには、海上の相手艦艇を探知し、その位置をリアルタイムでミサイル部隊に伝達しなければならない。そのためには、人工衛星や無人機、有人機、あるいは潜水艦といったさまざまなセンサーで、相手の海上部隊の行動を把握・追尾し、それをミサイル部隊に迅速に伝達するセンサーネットワークの構築が不可欠となる。

もちろん、中国側もこれらのセンサーの展開を阻止しようとするであろう。特に中国が第一撃のミサイル攻撃で航空優勢を獲得するとすれば、日米側のセンサーの展開を阻止するのは相対的に容易になる。逆に言えば、日米がセンサーを展開させるのは難しいということでもある。こうした競争的な環境において使用できるセンサーは、航空機であるとすれば無人であるか有人であるかを問わず、ステルス機に搭載される必要があろう。ただし、無人機の運用は、中国側の宇宙・サイバー・電磁波能力によって妨害される可能性が高い。「戦場の霧」がどの程度低減されているかにもよるが、将来の軍事技術の不確実性を考えれば、有人プラットフォームのみからなるセンサーネットワークは十分に機能しないであろうが、同様に、無人プラットフォームのみからなるセンサーネットワークにもリスクがある。そう考えると、有人型と無人型双方のプラットフォームを組み合わせるかたちのセンサーネットワークを構築していく必要があるといえるだろう。

この関連では、有人だがステルス能力が高く、生残性の高いF-35ステルス機を、単に戦闘機としてではなく、海洋の情報収集手段として使用していくような発想も必要となろう。

このように、ミサイルにターゲット情報を提供するセンサーからなる海洋監視能力に裏打ちされた、多数の長射程対艦ミサイルからなる海上防衛態勢を構築することは容易ではない。しかし、海中、水上、航空、地上からの対艦ミサイルによる飽和攻撃を縦深的に行なうことができれば、中国側がミサイル攻撃に成功したとしても、それに引き続いて海上を制圧するのを阻止することはできる。この海洋縦深対艦攻撃を可能とする態勢を整備することは、日本側の戦略上の目的を達成するうえで非常に重要な意味を持つ。

航空相殺攻撃能力の強化

第三が、航空相殺攻撃能力である。これは中国側が日中間の海域で航空優勢を獲得するのを阻止することを目的とする。

これまでも述べてきたように、中国はミサイル攻撃によって日米側の飛行場を撃破したあと、航空優勢を獲得しようとするであろう。ここで中国が航空優勢を獲得してしまうと、第二の柱として設定した海洋縦深対艦攻撃が困難になる。そこで、中国側が日米側の飛行場を撃破して優位を獲得しようとするのを相殺するかたちで、日米側も中国の航空基地を撃破することも考えられるべきであろう。

こうなれば双方ともに航空優勢を得られないかたちとなり、艦艇に対する飽和攻撃を容易に行なえる。前述したように、これは現実には難しいが、長期的な視点を踏まえると早い段階から準備しておくことが望ましい。なお、２０１７年4月に米国が実施したシリアの飛行場に対する攻撃の例からもわかるように、飛行場のようなハードターゲットを攻撃するためには巡航ミサイルでは破壊力が不足する。よって、ここでいう航空相殺攻撃を実施するためには、弾道ミサイルや極超音速兵器のような、ハードターゲットも破壊しうる装備を開発・配備する必要がある。

中国側も衛星測位システムに対するジャミングを実施し、精密誘導兵器の効果的な攻撃を阻止しようとするであろう。その観点からは、航空相殺攻撃に使用する装備は、衛星測位システムだけでなく、高精度の慣性航法装置も備えることが必要であり、そのための技術開発も進めていく必要がある。

ハイブリッド戦／グレーゾーンの事態への対応と情報発信の強化

第四が、ハイブリッド戦／グレーゾーンの事態に対応するため、宇宙・サイバー・電磁波領域における能力の強化である。特にハイブリッド戦／グレーゾーンの事態においては、主要な対応を行なうのは日本では警察および海上保安庁となる。しかし、警察や海上保安庁は、中国から本格的なサイバー攻撃を受けることを想定していない。ところが、ハイブリッド戦／グレーゾーンの事態においては、実際の状況を正確に把握することが重要であり、警察や海上保安庁が脆弱性を抱えていることは非常に危険である。

この観点から、こうした危機管理にあたる警察・海上保安庁の部局は、ほかの部局とは質的に違うレベルで宇宙・サイバー・電磁波に関する防護能力を強化する必要がある。これはそれぞれの省庁で進めるのは非効率であるから、自衛隊にプラグインするかたちも検討すべきであろう。

また、中国は、長期戦になるのを避けるために、インフルエンスオペレーションによって米国の世論に影響を与え、長期戦への関与を阻止しようとする公算が高い。その観点からも、ハイブリッド戦／グレーゾーンの事態において、何が起こっているかを迅速に把握し、英文メディアを含めて世界に発信し、現状を正確に理解させることが、有事の帰趨そのものを左右する。このことは、2022年12月現在進行中のロシア・ウクライナ戦争において、ウクライナ側が非常に優れたメディア戦略を実施し、それが国際社会のウクライナ支持に大きく寄与していることからも明らかであろう。

ところが、日本政府は、福島第一原発事故においても、新型コロナウイルス感染に対しても、特に英文メディア向けに適切な情報を発信できたとは言いがたい。たとえば米軍がイラク戦争で行なったエンベッド方式（記者が部隊と行動をともにして取材する形態）の導入を含め、効果的な情報発信のあり方を考えていくべきである。従来の官僚的な文章では世論を味方にすることはできない。情報発信の成否は、紛争の帰趨を決するものであり、広報戦略の見直しは急務である。

本章では、これまで積み上げてきた議論や分析の結論として、「統合海洋縦深防衛戦略」を提示した。これは、中国が優位に立っているミサイル戦力に対し、直接対抗するのではなく、ミサイル攻撃を受けた後でも、残存兵力で中国艦船を撃破し、中国が海上を制圧するのを阻止することで戦線を膠着させ、中国が戦略上の目的を達成するのを阻止し、日本が戦略上の目的を達成することを狙う「セオリー・オブ・ビクトリー」を実現するためのリソース配分の在り方を示したものである。特に重要になるのは、海中、海上、空中、地上のあらゆるプラットフォームを組み合わせて長射程の対艦ミサイルを発射し、飽和攻撃を行なうことである。

海洋国家であり、現状維持を戦略上の目的とする日本にとって、こうした能力を重視した防衛力整備を行なうことは、ある意味で自然な方向性と言えるだろう。海洋によって離隔されている以上、仮に抑止が破れて有事になったとしても、戦況を海上で膠着させることができれば目的は達成できるのである。

ただこれは、中国との有事が不可避であるという立場に基づく議論ではない。万一有事になったとしても、中国が戦略上の目的を達成することを阻止する能力を持つことが、抑止力を強化し、有事になる可能性そのものを低下させるという考え方に基づくものである。

（1）Department of Defense, "Military and Security Developments Involving the People's Republic of China 2021," (November 2021), https://media.defense.gov/2021/Nov/03/2002885874/-1/-1/0/2021-CMPR-FINAL.PDF, pp.60-63.
（2）Thomas Shugart, "Has China Been Practicing Preemptive Missile Strikes against U.S. Bases?," *War on the Rocks,* (February 6, 2017), https://warontherocks.com/2017/02/has-china-been-practicing-preemptive-missile-strikes-against-u-s-bases/.
（3）Ian Easton, *The Chinese Invasion Threat: Taiwan's Defense and American Strategy in Asia,* (Amazon Digital Services, 2017).
（4）Department of Defense, "Department of Defense Fiscal Year (FY) 2023 Budget Estimates, Research, Development, Test and Evaluation, Army, Volume 2, Budget Activity 4," Justification Book Vol.2a, https://www.asafm.army.mil/Portals/72/Documents/BudgetMaterial/2023/Base%20Budget/rdte/vol_2-Budget_Activity_4.pdfv, pp.702-710.

おわりに

冷戦の終結とともに、核戦争による人類絶滅の恐怖は去った。それからの30年ほどの時代は、グローバリゼーションによる経済的繁栄と合わせて、世界が平和を感じることができた時代だった。この時代の最大の脅威は、9・11同時多発テロに代表される過激主義テロであり、国家間の大戦争は過去のものとなったと広く信じられていた。

しかし、2022年2月のロシアによるウクライナ侵攻によって、世界は大きく変わった。これからしばらくの間、「大国間の競争」が展開していくなか、世界の人々は戦争の「影」を感じながら生きていかなければならなくなるだろう。

そんな世界の中でも、特に日本は、世界で最も厳しい安全保障環境に置かれている。中国は、爆発的な経済成長を背景に、世界最強の軍事大国であった米国を急追するかたちで軍拡を進め、航空戦力や水上戦闘艦艇において対米7～8割の戦力を構築した。北朝鮮は、冷戦終結後一貫して核・ミサイル開発を進め、日本を射程に収める核ミサイルをすでに配備しているとみられている。ロシアも、ウクライナ侵攻に続いて、東アジアでも活発な軍事活動を行なっている。

こうした厳しい安全保障環境においては、戦略をきちんと考えていくことが不可欠となる。それを支えるのは文字通りの「知恵」だが、「知恵」だけでは足りない。戦略において最も重要なことは、「願望」と「能力」のバランスだからである。「能力」が足りなければ、どれほど「知恵」を絞っても「願望」を実現することはできない。

アジアにおいて周辺諸国の軍拡が急速に進んだ以上、日本も「能力」を高めるため、これまで以上に資源（リソース）を投入しなければならなくなっている。それが２０２２年12月に決断した防衛費の増額である。

日本は長い間、米国に次ぐ世界第二の経済大国、すなわち東アジア最大の経済大国であった。その時代であれば、日本が防衛費をGDP比1パーセント弱に設定することには、経済大国の自制として大きな意味があった。しかしながらいまや日本は東アジア最大の経済大国ではない。リーマンショックの直後に中国に追い抜かれ、現在ではGDPで3倍強の差がついてしまっている。結局のところ、日本がGDP比で防衛費を大幅に増額しなければならなくなっている理由は、安全保障環境の悪化と同時に、ＧＤＰの成長が頭打ちとなったことが大きい。現在、日本の防衛費は中国の国防費の四分の一にすぎないことを考えれば、「能力」を強化するためのリソースをこれまでよりも多く配分しなければ、「願望」としての現状維持を達成することは難しい。そのことが、２０２２年12月に日本が防衛費の大幅な増額を決める大きな理由となっている。

日本の大戦略上の目的が現状維持であり、しかも海洋による離隔を利用できるとしても、「攻者三倍の法則」に基づき、中国の三分の一を上回る程度の防衛費を確保する必要はある。これは日本の防衛費をＧＤＰ比で2パーセント程度にすることを意味する。しかし、やみくもに防衛費を増額するだけでは、抑止力を効果的に高めることにはつながらない。このときに必要なのが、「知恵」を絞って大戦略と防衛戦略をきちんと構築していくことである。

戦略は、「優先順位の芸術」であり、日本が持つ比較優位を活かすかたちで傾斜的にリソースを配分していく指針でなければならない。日本の大戦略上の目的はあくまで現状維持であり、防衛力はそのための手段として用いられる。本書では、「大国間競争の時代」においてなお現状維持を実現するための防衛戦略として、ネットアセスメントや将来戦に関するシナリオプランニングを踏まえ、「統合海洋縦深防衛戦略」を提唱した。宇宙・サイバー・電磁波能力と陸・海・空の対艦攻撃能力を統合的に整備し、中国の海上制圧を阻止することで、現状維持を達成しようとするものである。

これがどの程度、中国に対する抑止力となり、地域と世界の安定につながるのか、それはいまの時点ではわからない。しかし、いま、防衛費を増額するとともに「知恵」を絞って、有効なかたちで資源を投入できれば、中国の現状変更的な政策に端を発する戦争の発生を阻止できる可能性は十分にある。決まった未来は存在しない。未来の方向を決めていくのは、現代を生きる人々の選択である。日本は「未来を変えられる」のである。

2022年12月

防衛研究所防衛政策研究室長　高橋杉雄

高橋杉雄（たかはし すぎお）
防衛研究所防衛政策研究室長。1997年早稲田大学大学院政治学研究科修士課程修了。2006年ジョージワシントン大学大学院修士課程修了。1997年より防衛研究所。防衛省防衛政策局防衛政策課戦略企画室兼務などを経て、2020年より現職。核抑止論、日本の防衛政策を中心に研究。主な著書に『「核の忘却」の終わり：核兵器復権の時代」』（共著、勁草書房、2019年）、『新たなミサイル軍拡競争と日本の安全』（編著、並木書房、2020年）『ウクライナ戦争と激変する国際秩序』（共著、並木書房、2022年）

現代戦略論
—大国間競争時代の安全保障—

2023年１月15日　１刷
2023年４月15日　４刷

著　者　高橋杉雄
発行者　奈須田若仁
発行所　並木書房
〒170-0002東京都豊島区巣鴨2-4-2-501
電話(03)6903-4366　fax(03)6903-4368
http://www.namiki-shobo.co.jp
印刷製本　モリモト印刷
ISBN978-4-89063-430-9

新たなミサイル軍拡競争と日本の防衛

森本　敏
高橋杉雄　編著

（戸﨑洋史、合六強、小泉悠、村野将）

1987年に米ソで合意されたINF条約により、地上発射型中距離ミサイルは欧州では廃棄されたが、アジア、中東ではむしろ拡散した。なかでも軍縮の枠組みに縛られない中国は核弾頭を含む中距離ミサイルを多数保有し、米中のミサイル・バランスは大きく崩れた。INF条約失効後、米国は新たな中距離ミサイルの開発に着手し、日本への配備もあり得る。中国をいかにして軍備管理の枠組みに組み入れるか？　ポストINF時代の安全保障について戦略・軍事・軍縮の専門家が多面的に分析・検討する。

四六判388頁・定価2400円＋税

新たなミサイル
軍拡競争と
日本の防衛
──INF条約後の安全保障

森本　敏　編著
高橋杉雄
戸﨑洋史　合六　強
小泉　悠　村野　将

ポストINF時代を読み解く
中国の中距離ミサイルの
脅威にいかに対応するか
INF条約の失効が国際安全保障に及ぼす影響を
軍事・軍縮・同志戦略から多面的に考察！

ウクライナ戦争と激変する国際秩序

森本　敏
秋田浩之　編著

高橋杉雄、小泉悠、倉井
高志、小谷哲男、長島
純、水無月嘉人、小山
堅、佐藤丙午、小原凡司

ロシアのウクライナ侵略によって、第2次大戦後、世界は最も危険な状況に陥っている。ウクライナで起きていることは世界中に大きな影響を与えており、日本にとっても人ごとではない。本書は侵略戦争の行方はもちろん、それが世界全体にもたらす衝撃について、米国とNATO、安全保障、経済制裁、エネルギー情勢、食料問題、国際犯罪、核問題、台湾有事に至るまで様々な角度から解説。重大な岐路に立つ世界情勢に日本はどう向き合い、どう対応していくか。各分野を代表するスペシャリスト11人が徹底分析！A5判408頁・定価2700円＋税

ウクライナ戦争
と激変する
国際秩序

森本　敏
秋田浩之　編著

小泉悠、高橋杉雄、倉井高志、
小谷哲男、長島純、水無月嘉人、
小山堅、佐藤丙午、小原凡司。

第2次世界大戦後、最大級の戦争となった
**ウクライナ戦争は
世界をどう変えるか？**

なぜこのような軍事侵略が起こしたのか？なぜ人の防御策によって不安定化された世界の安全を守られないのか？それはいつまで続き、世界はどう動かされるか？11人の専門家が徹底分解く！